CASAMENTO ESTRATÉGICO

O que acontece com o amor depois do "sim"

Elias Daher

Dados Internacionais de Catalogação na Publicação (CIP)

(Câmara Brasileira do Livro, SP, Brasil)

Daher, Elias

Casamento estratégico : o que acontece com o amor depois do "sim" / Elias Daher. -- 1. ed. -- Brasília, DF : Ed. do Autor, 2024.

ISBN 978-65-01-23948-4

1. Casais - Conduta de vida 2. Casais - Relações interpessoais 3. Casamento - Aspectos morais e éticos 4. Casamento - Aspectos sociais 5. Famílias 6. Relações afetivas 7. Relações amorosas 8. Vida familiar I. Título.

Equipe técnica e revisão: Hilda Curcio

Índices para catálogo sistemático:

1. Casamento : Aspectos sociais 306.89

Aline Graziele Benitez - Bibliotecária - CRB-1/3129

Sumário

Análise de ambiente 7

    Por que agimos ao contrário do que queremos? 20

    Por que as pessoas mudam depois do sim? 22

    O que acontece com o amor depois da união? 24

    As fases da convivência 25

Gestão da qualidade 28

    Os pilares do relacionamento 30

    A ética do relacionamento 47

    A solução "menos ruim" para ambos 48

    Criação dos filhos 49

Gestão da comunicação 54

Gestão de RH 62

    O choque de gerações 63

    Tipos de casamento 67

    Expectativas 68

    O banco do amor 72

    Aforismos e citações 75

    O que a astrologia tem a acrescentar 79

Gestão de escopo 80

    Atividade sexual 81

    O casamento em números 91

Gestão do tempo 98

Phubbing 99

Gestão de custos 104

Gestão de crises 107

    Lidando com os conflitos 109

    Terapia de casal 114

    Panorama de status da relação 120

Gestão de riscos 123

    Ciúmes 125

    Infidelidade 127

    Como identificar que a relação já acabou? 129

Regras de ouro 133

Conclusões 139

Bibliografia / Referências 142

Por que os conflitos nas empresas são resolvidos com maior facilidade do que as divergências conjugais? Dentre os aspectos que influenciam, destacam-se:

O ambiente profissional oferece regras claras, amplamente aceitas e conhecidas, de modo a evitar surpresas. Existe uma definição do papel de cada um, sobre o que deve e o que não deve ser feito. Nem sempre as relações românticas seguem este princípio. O jogo de poder no amor contém critérios individuais, cada um querendo impor o seu modo de pensar no outro.

O casamento envolve vínculos emocionais fortes, que praticamente guiam o comportamento dos envolvidos.

As divergências no mundo corporativo são resolvidas com base na cognição e no bom-senso. Dificilmente há desabafo, como nos relacionamentos amorosos.

Casais não se preocupam em controlar as emoções, até porque, no trabalho, as **consequências** das atitudes e comportamentos são mais nítidas. Parceiros românticos se acostumam à impunidade, incentivados pela falsa impressão de que estão garantidos (estabilidade).

Este livro estabelece uma analogia entre as relações no casamento e a dinâmica corporativa, no sentido de atribuir mais longevidade e bem-estar à convivência.

Se existe uma coisa que a experiência clínica me permitiu concluir, é que não existe uma receita que possa ser aplicada com sucesso. – Só o que podemos fazer é avaliar o ambiente, os temperamentos dos envolvidos, para desenvolver a estratégia que sirva para aquele cenário.

Por exemplo, um casal com 48 anos de relacionamento adquiriu um costume de, quando um se encontra irritado, o outro recua. Sem dúvida, isso pode ajudar, mas não define o sucesso da relação. Atendo outro casal, igualmente longevo, em que ambos se alteram ao mesmo tempo, mas convivem por décadas, mesmo com este empecilho.

A prática clínica diz que são duas pessoas diferentes se relacionando e que por isso, encontrarão conflitos. O segredo é **como ambos negociam** as divergências.

Para a maioria dos casais, só existem duas opções: a própria demanda e aquela apresentada pelo outro, ou seja, preto ou branco, ignorando as diversas *nuances* de cinza que poderiam aumentar a margem daquela negociação.

Os parceiros sabem que a animosidade atrapalha o diálogo, mas, na prática, preferem desabafar, desqualificar ou outro, em detrimento de resolver.

Análise de ambiente

Esta obra foi produzida com a intenção de contribuir para o fortalecimento dos relacionamentos amorosos, abordando os tópicos que refletem diretamente no bem-estar dos envolvidos.

A convivência pode se tornar uma jornada gratificante, mas também oferecer desafios, a depender das escolhas feitas pelos parceiros. Quem escolhe agir com irritação, deve estar ciente de que isso o distancia da solução do problema, porque serve de combustível para o conflito. Controle emocional é especialmente difícil de conseguir no calor das discussões, mas é fundamental.

Esta abordagem está fundamentada na prática clínica, evidências e resultados demonstrados pelos pacientes ao longo dos anos.

As pessoas que passam por situações mais severas em suas relações, curiosamente são aquelas que mais buscaram referências na literatura, inclusive na psicanálise. Conclui-se que o resultado não está na receita, mesmo porque os cenários são diferentes e exigem estratégias específicas. Essas pessoas bem preparadas sabem exatamente o que devem fazer, <u>mas não encontram motivação para isso</u>.

Parceiros mudam depois que se casam, porque já conseguiram aquilo que desejavam. Até o ser humano mais atento diminui o esforço quando consegue alcançar seus objetivos:

	A pessoa se empenha para conseguir um emprego, mas a motivação para dar manutenção a ele é bem menor.	

A criança deseja algum brinquedo, mas em alguns casos, depois que ganha, deixa-o esquecido em qualquer canto da casa. Apenas volta a ter interesse quando outra criança também o quer.

De modo geral, o indivíduo deseja mais intensamente **aquilo que não tem**, portanto, só até conseguir. Depois disso, o objeto externo perde um pouco do seu valor.

Por essa razão, algumas pessoas, principalmente artistas, embarcam em diversas relações de curto prazo, buscando manter em suas vidas, o clima de lua de mel. – No início, até o ronco do parceiro é suportável, mas, com o tempo e o desgaste promovido pela convivência, torna-se um incômodo significativo.

A análise de ambiente é a compreensão dos aspectos (internos e externos), com potencial de influenciar determinada situação.

O contexto no qual a relação está inserida pode favorecer ou desafiar a convivência, no entanto, a atitude dos parceiros é mais determinante que a situação em si.

Por exemplo, se existe uma sogra que interfere no relacionamento, isso pode adoecer os cônjuges. Será preciso definir limites, ou vão ter que lidar com conflitos severos. **Depende de como os envolvidos reagem.**

A matriz SWOT é uma ferramenta estratégica utilizada por empresas para dar direcionamento aos **negócios** a partir dos recursos disponíveis. Aqui, vamos instrumentalizar este recurso para criar um panorama visual de como está o relacionamento.

A SWOT relaciona as vantagens e fragilidades do convívio, bem como as oportunidades e os riscos. Nesse cenário, é preciso conhecer os desafios que podem atrapalhar ou inviabilizar a relação.

Para tirar o máximo proveito de uma análise SWOT pessoal, não basta apenas listar pontos fortes, pontos fracos, oportunidades e ameaças: é importante expandir esses itens, com planos de ação e prazos para auxiliar suas decisões.

Representação gráfica da matriz

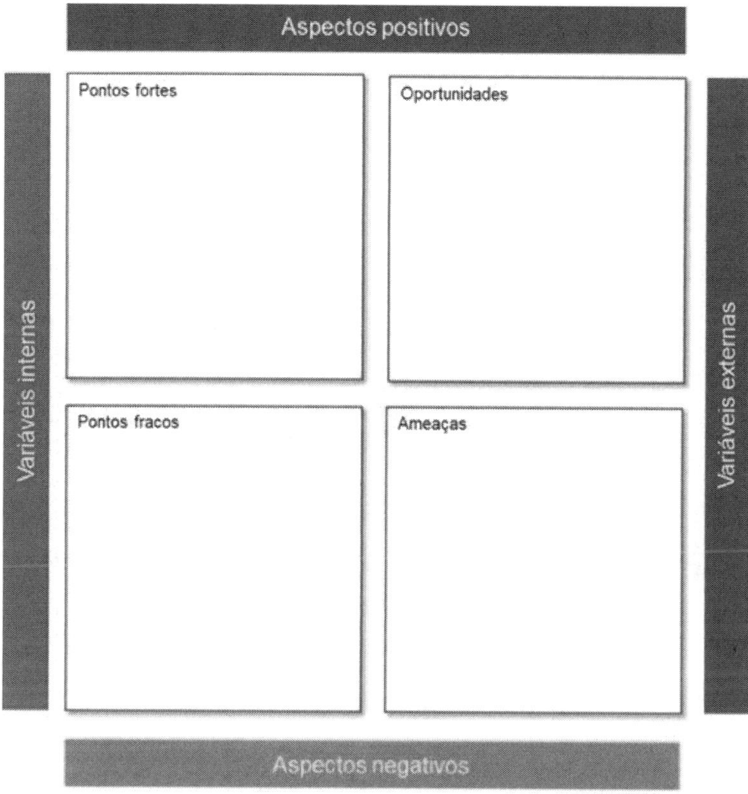

Fonte: o autor

Para funcionar, esta bússola precisa estar constantemente atualizada. Desta forma, poderá gerar ideias e planos de ação para atuar de modo mais efetivo.

Uma boa referência deve conter o "retrato" da situação atual, o que se pretende e, principalmente, o que fazer para alcançar.

Os pontos fortes devem contemplar vantagens ou benefícios relevantes da relação, que pesam na balança, além das características dos parceiros, que tornaram essas realizações possíveis.

Quais áreas do casamento estão funcionando bem? Quais atitudes dos parceiros têm contribuído para fortalecer a relação?

Aspectos em comum (habilidades, hobbies, religião, amigos, interesses, gestão financeira, filosofia parental).

Diferenças que os completam e os tornam melhores.

Desejo mútuo de crescimento pessoal.

Modo de resolver os conflitos (quando é civilizado).

Comunicação saudável e nutritiva.

Características que são admiradas pelo parceiro.

Em resumo, os aspectos positivos já consolidados no relacionamento.

Toda relação inicia com a predominância dos pontos fortes. Nessa fase, os envolvidos ampliam a tolerância, agem de forma paciente. Amplificam as qualidades e disfarçam os defeitos que tem.

Fazem isso porque tem interesse um no outro. Querem conquistar um ao outro.

Os relacionamentos da vida adulta estão fortemente vinculados às relações que a pessoa teve no passado. Todos nós reagimos de acordo com as experiências que tivemos e nem sempre essas reações são saudáveis. – Quem teve se sentiu enganado em algum relacionamento anterior, se coloca em estado de alerta permanente.

O problema é que, com o passar do tempo, os cônjuges deixam de se esforçar. Não proporcionam nem exigem um tratamento minimamente adequado.

Em vez disso, desenvolvem padrões implacáveis e se tornam inflexíveis, difíceis de negociar.

Quando o indivíduo se vê constantemente excluindo pessoas da sua vida, é porque elas não correspondem aos seus padrões. As patologias também interferem: um estado de ansiedade pode aumentar o nível de exigência que esperamos do outro.

Aspectos negativos que prejudicam a relação e o bem-estar dos parceiros (ex.: se um dos cônjuges tem paciência para resolver os problemas, esse é um ponto forte da matriz. Entretanto, se o outro demonstra irritação, configura um ponto fraco). As forças precisam ser mantidas e as fraquezas, corrigidas.

Aspectos limitantes, como interferência externa.

Problemas financeiros.

Traços negativos de personalidade que os parceiros trazem: egoísmo, criticidade, preguiça, agressividade.

Tudo aquilo do lado negativo da balança e que requer melhorias, obtidas a partir do reconhecimento do problema e de ações coordenadas que possam promover uma mudança de comportamento (raramente as pessoas pensam em se corrigir).

E por que os pontos fracos se instalam na relação?

O manejo clínico me proporcionou duas convicções:

Não se pode ter tudo nas conexões interpessoais. Nós idealizamos um espectro de qualidades nas pessoas, mas é especialmente difícil encontrar alguém que apresente <u>todos</u> <u>esses</u> <u>requisitos</u>.

Quando o casal contrata uma babá para cuidar dos filhos e ela trabalha com responsabilidade e respeito, é possível que eventuais falhas sejam relevadas, uma vez que a profissional oferece a eles, o principal. O mesmo acontece com os relacionamentos: se os parceiros são atendidos nos requisitos principais, poderiam ter mais boa vontade para resolver os problemas menores.

Por se tratar do convívio de pessoas diferentes, os conflitos de interesse se manifestam. A questão sobre isso é que nem sempre, os parceiros tratam as divergências de modo civilizado.

Diferenças na expectativa da frequência da intimidade e divergências na condução do lar poderiam ser negociadas com sucesso, no entanto, não raro os parceiros optam pela retaliação.

Aspectos externos que podem ser aproveitados para fortalecer o relacionamento. São oportunidades de crescimento ou de enriquecimento do vínculo.

Crescimento pessoal, mediante cursos de capacitação, progresso espiritual.

Projetos em comum: — interesses ou atividades que ambos podem explorar juntos para fortalecer o vínculo.

Apoio Social — rede de amigos e familiares que incentivam e apoiam o relacionamento.

Terapia de casal, por fim, como suporte para superar as crises.

Geralmente, os parceiros não aproveitam a oportunidade mais significativa de construir um relacionamento saudável.

Ouvir o outro

Na prática, significa **compreender** o que está causando incômodo e **avaliar** as possibilidades de solução. Em vez disso, os parceiros preferem se defender, acusando o outro de errar também.

Com esse comportamento, os incômodos vão se instalando e impedindo cada um de se esforçar.

Aproximadamente 100% dos casais que procuram a terapia informam problemas de comunicação. Prometem mudança no momento da discussão, mas não cumprem. Agem de modo diferente por um breve período de tempo, porém depois, retomam o comportamento antigo, quando sentem que a situação se acalmou.

Por se tratar de pessoas diferentes, os parceiros não aceitam bem as demandas do outro, ou porque consideram que já estejam cumprindo, de modo que não se importam com o incômodo causado, que julgam ilegítimo.

Parceiros que não são ouvidos desistem de se esforçar.

São fatores externos que representam riscos e impactam negativamente a relação, exigindo atenção de ambos.

Influências negativas de amigos ou familiares.

Desafios financeiros capazes de gerar conflitos.

Mudanças de cidade, exigências profissionais.

Rotina e monotonia constituem um risco que precisa ser considerado e administrado, antes de atingir proporções maiores.

Distanciamento entre os parceiros causado pelo desgaste.

Intimidade construída com terceiros, pornografia, mídias sociais, inclusive.

A Análise de ambiente deve ser constantemente avaliada, para que o casal consiga enfrentar os desafios, porque, se fizerem sob efeito das emoções, a cada conflito, vão piorar mais a situação do que resolvê-la.

O ser humano tende a agir no sentido de evitar a dor, mesmo que seja por métodos questionáveis, que cobram a conta depois.

Para conseguir isso, o indivíduo desenvolve estruturas de defesa, no intuito de se proteger, que pode ser o conflito direto ou se calar. São duas posturas perigosas, com potencial de adoecer, por estresse ou por assimilar a injustiça.

Quando o casal vivencia ameaças de forma recorrente, isso prejudica a sensação de segurança que a relação deveria proporcionar.

É difícil conduzir os diversos segmentos da vida (social, profissional, familiar) sem relacionamentos de qualidade: os problemas mais relevantes não são externos, mas, sim, o resultado das escolhas que os parceiros fazem.

Por que agimos ao contrário do que queremos?

Devido a um conflito interno, nossos comportamentos podem nos conduzir a resultados desastrosos. Em vez de ajudar, atrapalham. Isso acontece quando chegamos atrasados em uma entrevista de emprego. Uma parte do cérebro deseja muito a progressão profissional, ao mesmo tempo que a outra parte pondera os riscos de ocupar aquela posição. A decisão que nos sabota, normalmente ocorre em nível inconsciente.

Da mesma forma, a pessoa que deseja sair e socializar, pode, concomitantemente, sentir o peso de uma ansiedade social. São dois desejos opostos que constituem um conflito interno, resultando em frustração: uma parte da mente deseja, a outra evita.

Se a vontade de pertencimento (que é uma característica humana) for mais forte que o incômodo, o indivíduo vai se conectar, com o desejo de obter aprovação dos outros, correndo o risco de abandonar sua própria identidade, para se tornar aquilo que esperam dele. Cumprir um papel imposto, assumir responsabilidades que não são suas, assumir mais compromissos do que consegue entregar.

Se o desejo de pertencimento não for satisfeito, a pessoa desenvolve sentimentos de solidão e isolamento, por essa razão é que, frequentemente, prefere se anular e se adaptar ao que não deseja, para evitar tal situação. Busca em todo mundo, uma validação que não teve e da qual ainda sente falta.

Comparar suas atitudes com os resultados obtidos é o primeiro passo para saber se seu comportamento está ajudando ou atrapalhando a jornada. Esta análise permite identificar a necessidade de mudança.

A intenção precisa ser coerente com a execução.

Por que as pessoas mudam depois do sim?

Biologicamente, o ser humano é programado para se adaptar e sobreviver em ambientes que mudam constantemente. Funciona assim desde os nossos ancestrais primitivos.

Desta maneira, os desejos e sentimentos acompanham os movimentos sociais, seja por exibicionismo ou influência midiática (moda). O filósofo Arthur Schopenhauer (2024) dizia que a vida é um constante suceder entre a ansiedade de querer e o tédio de possuir.

O interesse diminui quando alcançamos nosso objetivo. Via de regra, a pessoa está mais interessada no processo de obtenção do que no objeto desejado.

O processo de obtenção representa uma fonte de prazer e superação, independentemente do valor do objeto externo.

Na prática, quando o objetivo é conquistar uma pessoa, o processo de conquista envolve o foco ativo nos detalhes. Quase que se vive em função disso.

A seguir, estão listados os aspectos com potencial de promover mudanças no indivíduo:

1. **Crescimento pessoal:** a partir de experiências vividas. Isso muda a estrutura de valores e as prioridades.

2. **Episódios significativos:** grandes conquistas ou traumas que influenciam o modo de encarar a vida e reagir diante dos estímulos.

3. **Conexões sociais:** como já citado, pela vontade de pertencimento e aceitação, a pessoa acaba se moldando aos regramentos e códigos dos grupos dos quais participa, seja por exigências familiares, mudanças políticas ou pressão da mídia.

4. **Rupturas:** doenças, mudanças radicais na carreira profissional, na condição financeira que exijam ajustes no comportamento e, posteriormente, no modo de pensar.

A qualidade dos relacionamentos interpessoais influencia significativamente o funcionamento emocional. Encontros regulares com amigos são eventos leves e nutritivos, que reabastecem suas energias.

Lembrando que a mudança acontece **de dentro para fora**, a partir da própria pessoa, mas pode ser desencadeada mediante estímulos ou gatilhos externos.

O que acontece com o amor depois da união?

O amor evolui ao longo do casamento e, dependendo da atuação de cada um, oferece mais desafios ou mais prazer de convivência. Depende de como os parceiros se adaptam a essa evolução. Este processo cria códigos no relacionamento, praticados pelos parceiros, para construírem juntos, ou se afastarem.

O principal elemento que determina a qualidade de uma relação é a **elegância com que os parceiros lidam com as divergências**. É natural e esperado que seres diferentes tenham crises e conflitos durante a jornada. No entanto, se fizerem a escolha de tratar isso com assertividade, o relacionamento fica mais forte e supera os problemas que surgem.

Entretanto, nem sempre os resultados obtidos correspondem à intenção inicial. Os parceiros querem viver bem, todavia, por razões emocionais, pela falta de controle, acabam comprometendo o próprio bem-estar.

Há uma legião significativa de casais semifelizes.

A qualidade da relação depende apenas das escolhas que os parceiros fazem.

As fases da convivência

Atração

Neste estágio, há uma forte tensão sexual que motiva os parceiros a mostrarem seu melhor, ocultar algumas manias e defeitos, para que nada atrapalhe o atingimento de seus objetivos.

Os parceiros se aproximam, convictos de que haverá futuro naquela relação. Fazem coisas juntos, sem considerar as preferências pessoais. O importante naquele momento é estar na companhia do outro. Com isso, constroem um vínculo emocional mais forte.

Geralmente dura entre 2 e 24 meses.

Lua de mel

Já garantidos do que pretendiam, ambos diminuem o esforço para agradar, mas ainda estão exercendo a tolerância, porque estão apaixonados. Percebem os incômodos, mas não se manifestam. Este clima dura entre 12 e 36 meses.

Realidade

Nesta etapa, a relação se estabiliza e ganha a rotina. As diferenças se evidenciam e a tolerância diminui. Aquilo que parecia "fofo" antes, começa a incomodar bastante.

Frustração e conflito

Os parceiros não se reconhecem, porque estão muito diferentes de como eram no início da relação (afinal, ambos conseguiram aquilo que desejavam).

Cada parceiro deseja que o outro seja parecido com ele, Essa falta de empatia gera frustração em ambos e cria divergências difíceis de resolver.

Resignação

Diante da dificuldade em mudar os padrões e depois de muito reclamar, os parceiros desistem de buscar uma mudança positiva na relação, aceitando a situação, tal como se apresenta.

Além de afastar um do outro, o fato de viver uma relação insatisfatória, produz danos emocionais, como ansiedade ou depressão.

Estabilidade/renovação

Neste estágio, se os parceiros aprenderam a conviver com as diferenças, a rotina se torna menos conflituosa e mais previsível.

Se as divergências continuam inaceitáveis, os parceiros vão buscar mais autonomia e deixam de compartilhar interesses. O perigo desta atitude é que o menor problema se torna um gatilho para a separação.

Maturidade

Se os cônjuges passaram pelos desafios das etapas anteriores é porque fortaleceram a relação o suficiente para ela não sucumbir diante dos problemas. Em muitos casos, os envolvidos abriram mão da própria identidade: não possuem a relação ideal, mas sim, aquela que foi possível construir e que não causa danos emocionais.

Não estamos falando aqui de garantia de bem estar, mas de serenidade para lidar com os problemas.

Gestão da qualidade

No ambiente corporativo, a gestão da qualidade reflete o cuidado com as atividades e tarefas do dia a dia, na intenção de obter determinado nível de excelência.

Trata-se de um projeto a longo prazo que se implementa por meio de iniciativas de curto prazo. A partir deste raciocínio, um relacionamento de excelência está vinculado à satisfação dos envolvidos.

No casamento já estabelecido, trata-se de reconhecer as deficiências e as necessidades de mudança, através dos seguintes componentes:

Planejamento: identificação das expectativas relevantes dos parceiros, bem como a viabilidade de atendimento.

Mudança: melhoria das interações, para proporcionar confiabilidade aos resultados esperados.

Melhoria da qualidade: a mudança proposital de um processo para torná-lo um hábito.

Controle: esforço contínuo para que a mudança seja consistente e não apenas um "agir diferente".

A qualidade do relacionamento reflete no bem-estar dos parceiros, a depender das escolhas que fazem e nos esforços que estão dispostos a assumir.

Quando se investe na saúde da relação, as pessoas investem também no próprio equilíbrio emocional.

Atualmente, a coabitação tem funcionado como uma forma alternativa de relacionamento, podendo durar 10 anos ou mais. **É muito tempo desperdiçado.**

Neste cenário de acomodação, os coabitantes gozam de alguns benefícios como poder contar com o outro em determinadas situações, dividir custos de sobrevivência, mas, no médio prazo, o estado emocional paga caro por essa decisão.

Nenhuma terapia será capaz de eliminar os problemas do relacionamento, mas prepara os parceiros para lidar com o estresse. Considere esta hipótese se os problemas se tornarem difíceis de administrar.

Os pilares do relacionamento

Na maioria dos casos, a relação se inicia totalmente baseada no sexo. Os parceiros têm interesse um no outro e não medem esforços para atingir seus objetivos.

Nesse momento, são mais compreensivos, pacientes, investem no diálogo amistoso, são mais cuidadosos com a apresentação pessoal. Trabalham duro para conseguir aquilo que desejam. Por isso, são naturalmente mais atraentes.

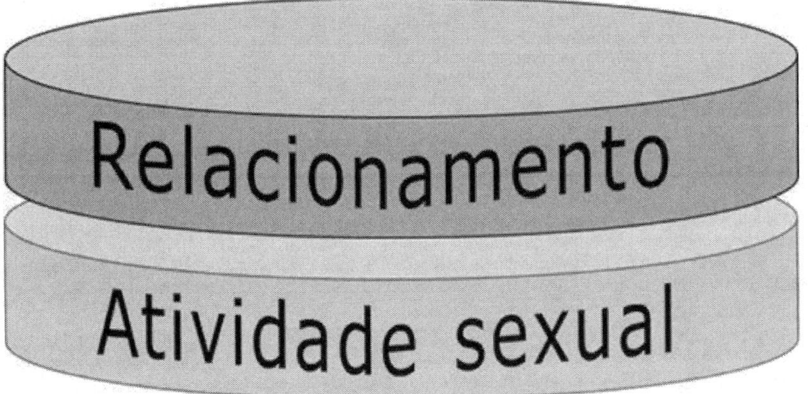

Fonte: O autor

Quando acontece o contato sexual, os parceiros entendem que não precisam mais se empenhar como faziam antes.

Com o tempo, surgem os boletos, as obrigações, os filhos, e o sexo deixa de ser a sustentação básica do relacionamento. A partir desse momento, outras questões passam a sustentar a convivência.

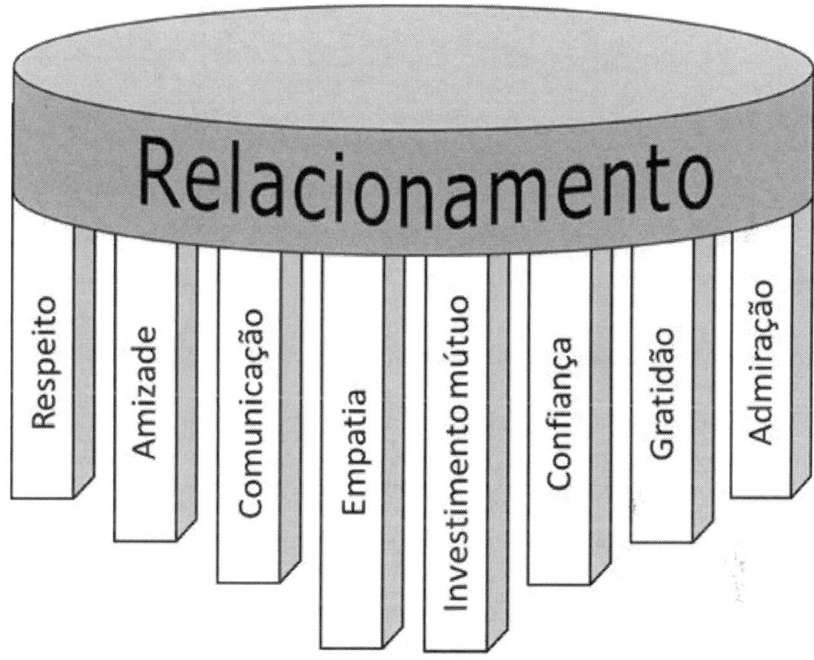

Fonte: O autor

Alguns pacientes da terapia de casal querem de volta "aquela pessoa" que conheceram, muito diferente daquela com que eles convivem. Esse desejo nenhuma terapia pode atender porque a pessoa que conheceram não existe mais. Ela já alcançou o que queria, lembra? Não tem a mesma motivação para se esforçar e conquistar, como fazia antes.

O respeito mútuo é uma condição indispensável para qualquer relacionamento funcionar. Muitos concordam com isso, mas, por alguma razão, o que ocorre de fato é diferente.

Felipe considera que respeita sua esposa Marisa, porque não levanta o tom de voz, quando discute com ela. Marisa se sente desrespeitada, porque o marido não a ouve com atenção nem valoriza os sonhos dela.

Percebe que, enquanto um está convicto de que respeita, o outro se sente desrespeitado?

Da mesma forma, Claudio se sente desrespeitado porque Valquíria, sua esposa, tem o telefone do ex-namorado na agenda. Para ela, o fato de ter o contato não significa que vai ligar.

Tudo isso depende da personalidade de cada um, do que eles consideram que seja respeito. Os conceitos são peculiares, por essa razão, o relacionamento depende tão fortemente da qualidade da comunicação. Esta guerra semântica é necessária para esclarecer o que um espera do outro.

O senso comum se refere à amizade com um tom pejorativo para o relacionamento amoroso, quando os parceiros deixam de ser namorados para se tornarem amigos (amor platônico).

Entretanto, parceiros amorosos que também são amigos, constroem um diálogo aberto que permite lidar de modo mais leve com as diferenças. Dificilmente o casal compartilha as mesmas preferências sobre o estilo de filme que pretendem assistir. O que fazer? Cada um vai ao cinema sozinho? Acompanhar o parceiro nos programas de que só ele gosta, será um enorme sacrifício? Amigos sabem buscar o consenso e reconhecem o momento de cada um ceder.

Atributos da amizade importantes para a relação funcionar:

Diversão   Encontros com amigos são leves e nutritivos, recarregam as energias. Por que os relacionamento românticos não funcionam assim também?

Segurança   O simples fato de ter com quem contar ajuda a produzir estabilidade emocional.

Estabilidade   Casais que são amigos superam os desafios com mais facilidade, apoiando-se mutuamente.

Companhia   Ter alguém para compartilhar os sucessos e os desafios que enfrentam e, portanto, passam mais tempo juntos.

Crescimento   Formação de um núcleo de suporte capaz de impulsionar os parceiros em outros segmentos da vida.

Se os parceiros não são os melhores amigos entre si, isso significa que fazem confidências para outras pessoas, ou seja, criam um vínculo de cumplicidade que deveria existir dentro do núcleo familiar.

Via de regra, as pessoas cultivam um melhor amigo com alguém que não é o cônjuge, cumprindo um papel e uma lacuna que deveriam ser preenchidos pelo marido ou pela esposa.

Não se trata de limitar as conexões sociais para se dedicar integralmente à relação, mas de construir uma parceria prazerosa e plena, dentro do casamento.

Segundo Friedrich Nietzsche, (2018), não falta amor nos casamentos. Falta amizade.

Apesar de serem instituições diferentes, com características peculiares, o número de amizades longevas supera bastante a quantidade de casamentos duradouros. Não será perda de tempo incluir, nas relações amorosas, a alegria e a leveza que os amigos compartilham.

Sabe-se que o modo de se expressar influencia nos resultados obtidos. No entanto, quando uma pessoa tem um incômodo no relacionamento, ela o manifesta com aspereza ao seu parceiro. Há grande chance de não ser atendida e o incômodo permanecer.

Isso acontece porque o casal atua motivado pelo desgaste emocional, sem avaliar as consequências dos seus atos.

É comum observar que, nas discussões, combater os argumentos do outro. A pessoa que você ama tem um sofrimento: ouça-a com atenção e procure um meio de resolver, em vez de desqualificar a demanda que lhe foi apresentada.

Qual é a vantagem em vencer a discussão ou dar a última palavra, quando isso acontece em detrimento da boa convivência?

Em tese, as pessoas não querem magoar seus parceiros. Na prática, a estrutura emocional fragilizada produz resultados ruins para o relacionamento. O autopoliciamento ajuda a não agir motivado pela emoção, sem considerar as consequências.

Quando ouvimos uma reclamação do parceiro, a tendência é justificar a situação, citando um outro erro que o reclamante cometeu no passado. Esta postura apenas alimenta o conflito e não oferece nenhuma possibilidade de acordo.

Empatia é um sentimento importante para se demonstrar na relação, mas frequentemente negligenciado.

Na figura a seguir, o primeiro indivíduo tem certeza de que vê quatro elementos no chão. O segundo também está convicto de que são apenas três.

Naturalmente, cada um imagina que o outro está equivocado, porque pensam que a realidade dos fatos está muito clara em seu ponto de vista.

Percebe que, se apenas um **se colocar no lugar do outro**, a discussão acaba? Ele vai notar que, a partir do ângulo em que a outra pessoa se encontra, dá para ver o mesmo objeto de modo diferente.

Cada parceiro teve uma criação diferente e possui sua própria estrutura de valores. Por essa razão, desenvolvem avaliações distinta da situação.

Procurar exercer a empatia nos relacionamentos evita ou resolve muitos conflitos, lembrando que só os parceiros tóxicos têm dificuldade em se colocar no lugar do outro.

Usualmente, para compreender o que o outro sente, é necessário ouvir atentamente o que tem a dizer, demonstrando interesse genuíno pelo seu incômodo.

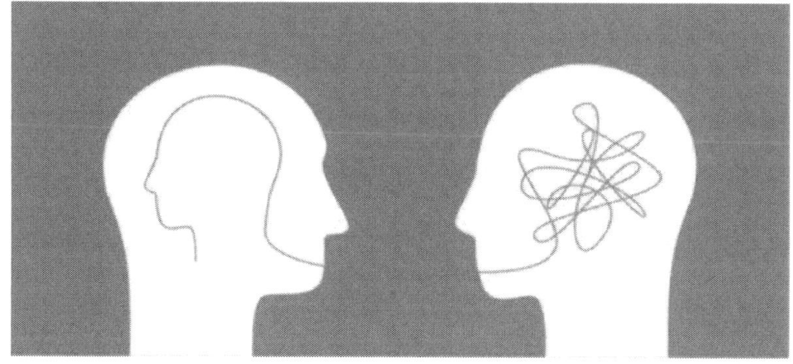

Empatia também evita a crise e a terapia de casal.

Investimento mútuo significa **equilíbrio** na relação: desta forma, nenhum parceiro fica sobrecarregado, nem de atividades, frustrações ou aborrecimentos.

Se o casal consegue atuar como um time, se ambos se veem do mesmo lado, vão se fortalecer naturalmente para suportarem os desafios da convivência, no sentido de superá-los, sem cogitar o rompimento. Quando se comportam como adversários, para um ganhar, o outro tem que perder. Nesse cenário, qualquer motivo será suficientemente forte para cogitar uma separação.

Casais não costumam brigar por coisas pequenas. Os conflitos acontecem quando os problemas, mesmo os que pareçam insignificantes, encontram uma estrutura emocional já fragilizada. <u>A dimensão para cada desafio será dada pelo histórico do relacionamento</u>. Quantos problemas estão acumulados?

Não é sempre que os parceiros compartilham os mesmos gostos, seja ao escolherem um destino nas férias, seja para a prática de algum hobby. Quanto a isso, é importante participar das atividades que proporcionam prazer para o outro, a fim de que ele participe também das suas.

A confiança é construída a partir da previsibilidade em aspectos relevantes do casamento (Ex.: se um precisar do outro, sabe que terá apoio). Quem tem um comportamento inconstante, produz uma baixa previsibilidade que dificulta o processo de confiar.

Segundo o psicólogo Erik Erikson (2004), até 1 ano de idade, a partir da experiência vivida com os pais, o indivíduo desenvolve o seu grau de disposição em confiar nas pessoas.

No início do relacionamento não há confiança instalada. O que existe é um **voto de confiança**. Optamos por pensar que o outro não vai nos decepcionar.

Entretanto, nem sempre isso acontece. Ao desenvolver expectativas exageradas sobre o parceiro, podemos considerar como frustração o simples fato de a pessoa ser ela mesma.

Desta forma, o dissabor acontece por um erro do outro, como também pode ser apenas uma decepção sua. Avalie com cuidado se realmente houve uma quebra de contrato, um desrespeito, ou se esperava demais.

A confiança não é resultante de um único evento: é estabelecida por meio de experiências contínuas ao longo do relacionamento.

A construção da segurança envolve os seguintes aspectos:

1. cumprir aquilo que promete;

2. não ser descoberto em uma mentira;

3. não causar decepção quanto ao seu papel;

4. antes de merecer confiança, é preciso confiar;

5. manter a coerência entre o discurso e a atitude;

6. admitir os próprios erros produz confiança de que o problema não vai se repetir.

Essas atitudes produzem a estabilidade necessária para criar os laços confiáveis. O principal ingrediente é a sinceridade.

Quando se trata de amor, é mais difícil construir uma relação de confiabilidade, porque a ocorrência de ciúmes não representa, necessariamente, um estímulo do outro.

Como restaurar a confiança perdida

Se houve uma quebra no contrato, o restabelecimento da confiança vai depender da gravidade do fato, do comportamento e da estrutura emocional dos envolvidos.

A angústia provocada por um episódio de infidelidade tende a diminuir ao longo do tempo, mas é preciso oferecer as condições necessárias para que isso aconteça.

Esgotar o assunto, esclarecer todas as dúvidas do parceiro traído, mesmo que isso pareça doloroso, se existe alguma possibilidade de reconstrução da confiança, isso vai envolver sinceridade do parceiro que deu causa ao problema.

Demonstrar arrependimento legítimo, compreender que aquilo que foi colocado em risco é maior do que o prazer circunstancial proporcionado pela traição, sugere a disposição em não repetir.

Cortar todos os laços com terceiros envolvidos.

A honestidade é o caminho mais curto.

Já vimos que, no começo, o interesse sexual sustenta a relação e não era para menos. Ambos estão atuando para agradar, e este esforço é reconhecido e apreciado.

Quando sentem que conseguiram o que desejavam, o investimento tende a diminuir. O primeiro choque de realidade da relação provoca uma frustração em ambos, o que diminui a libido.

Se os parceiros se entregarem a este mal-estar, vão julgar que o relacionamento está ruim. No entanto, se construírem os novos pilares de sustentação, o casamento será bastante satisfatório na nova fase.

A gratidão reflete o esforço de cada um para que seu parceiro se sinta apreciado e valorizado. Trata-se de reconhecer as qualidades do outro.

A gratidão intensifica o amor e a tolerância, porque reconhecemos que a outra pessoa está em crédito conosco. Com isso, cada um contribui para o exercício de dar, receber e reconhecer. Com o fortalecimento dos laços emocionais, o sexo tende a ser melhor.

Admiração é mais um problema que as pessoas conhecem bem a teoria, mas têm dificuldade de colocar em prática. Não raro, um parceiro gostaria que o outro fizesse um curso de graduação, que fosse mais ambicioso. Isso não significa que, para ser admirado, é preciso fazer tudo que o outro deseja. Para cultivar esse pilar de sustentação do relacionamento, não adianta exigir do outro, qualidades que ele não tem. Estamos falando de um exercício para os dois, no sentido de evitar frustrações. Para manter o outro feliz, não é necessário se anular.

Existem casais que criticam um ao outro com grande frequência, o que desestimula a conexão e o desejo sexual em ambos. Denegrir o parceiro, principalmente em público, é um comportamento tóxico que diminui a libido porque cria barreiras à intimidade.

A Admiração se reflete em comportamentos que fazem o outro se sentir melhor, quando está em sua companhia. É praticamente impossível manter o bem-estar quando é constantemente criticado.

Muitos casais que procuram atendimento clínico se amam, mas não sentem que são admirados mutuamente. Para que ambos experimentem essa sensação, as interações positivas devem superar bastante os momentos desfavoráveis. Lembre-se de que o cérebro humano responde mais aos aspectos negativos, que ficam gravados com maior facilidade.

O amor romântico é definido pelo psicólogo Nathaniel Branden (1982) como um apego espiritual, emocional e sexual entre os parceiros. Na prática, significa atender mutuamente, as necessidades de se sentir visível, de compreensão e de aceitação. Isso contribui com o crescimento de ambos.

Ações favoráveis à admiração mútua

1. elogios legítimos e sinceros, referentes às coisas que o parceiro faz e que são apreciadas;

2. dividir as responsabilidades é uma atitude encantadora. Dificilmente um parceiro sobrecarregado vai admirar o outro;

3. quem pede conselhos demonstra que a opinião do outro é importante. O parceiro vai se sentir valorizado.

A ética do relacionamento

O conceito de ética amplamente divulgado é fazer pelo outro aquilo que gostaria que fizesse por você, mas no casamento isso não funciona.

Tenho insistido que é preciso fazer pelo outro, aquilo que o outro **gostaria que fizesse por ele**. Do contrário, o marido daria uma bola de futebol para a esposa e esperaria que ela ficasse grata pelo gesto.

Não conseguimos agradar o parceiro, usando nossa própria régua. É preciso conhecer os valores e requisitos do outro, para podermos atender, sem abrir mão da própria identidade.

A solução "menos ruim" para ambos

Nem sempre conseguimos solução boa para os lados que estão em conflito. O consenso possível impõe esforço e sacrifício aos dois.

Por exemplo, se um parceiro precisa de sexo todos os dias e o outro se satisfaz com uma vez por semana, o que pode ser feito?

Aquele que precisa todo dia, vai sublimar seu desejo? Vai se satisfazer sozinho? Vai procurar outra pessoa?

E o que prefere menos? Vai se sujeitar ao sexo sem ter vontade?

Em uma situação assim, o caminho viável vai requerer um pouco de esforço de todos. O que gosta todo dia vai precisar se contentar com um pouco menos. O que prefere uma vez por semana precisa avaliar se consegue fazer um pouco mais.

Geralmente, os parceiros tentam impor no outro, os próprios requisitos. Dessa forma, a decisão contemplará apenas duas opções: sexo todos os dias ou uma única vez na semana. Se cada um ceder um pouco, haverá novas opções para negociar.

Criação dos filhos

Como em todo tipo de grupo, a teoria dos sistemas sugere que, na dinâmica familiar, cada membro influencia e é influenciado pelos demais. Apesar dessa influência, considera-se que seja saudável que cada indivíduo desenvolva sua autonomia.

A qualidade do relacionamento dos pais afeta, direta ou indiretamente, a formação dos filhos, porque as crianças modelam seu comportamento na idade adulta, a partir das experiências afetivas que vivenciaram na infância.

Durante a infância, observa-se a plena dependência para suprir as necessidades físicas, sociais e emocionais.

A partir daí, a criança desenvolve autonomia e começa a testar os limites dos pais, aumentando a necessidade de práticas disciplinares consistentes.

Na adolescência, a independência é ainda maior, de forma que o ambiente familiar e a disciplina tornam-se mais importantes, caso não tenham sido aplicados antes dessa fase do desenvolvimento.

Parte significativa da literatura aponta o vínculo entre as patologias emocionais da idade adulta com os conflitos e as discórdias entre os pais. Ainda há poucos estudos relacionando os aspectos positivos da relação parental com a saúde mental dos filhos.

Embora essa influência seja bilateral (de acordo com a teoria dos sistemas), os pais influenciam muito mais do que recebem influência dos filhos.

A psicanálise e a pesquisa sobre o apego demonstraram relações sistemáticas entre o afeto parental que refletem no comportamento e realizações subsequentes das crianças. A obra de Diana Baumrind (1966) e a tipologia destacada, por Maccoby e Martin (1983) são os mais citados.

O estilo parental é um conceito psicológico que define o comportamento dos pais na educação dos filhos. A lista a seguir reflete os principais:

Democrático: atenção às necessidades e emoções da criança e rigoroso respeito às regras, associado às consequências mais positivas: menos problemas comportamentais, sociais e académicos;

Autoritário: pouca atenção às necessidades da criança e rigor no respeito às regras. O indivíduo exposto a este estilo será mais propenso a ser agressivo ou desenvolver patologias emocionais;

Permissivo: exagero na atenção às necessidades da criança, com pouco rigor, tangenciando a negligência.

A Pesquisa *Fragile Families and Child Wellbeing Study* (Estudo sobre famílias frágeis e bem-estar infantil) define problemas comportamentais externos (agressividade e mentira), vinculados a permissividade dos pais e problemas comportamentais internos (ansiedade/depressão), causados pelo excesso de rigor (a criança sente que precisa ser perfeita). Sobre pais negligentes, o resultado futuro dependerá dos ambientes que a criança vai frequentar.

A primeira regra é não discutir na frente das crianças, por duas razões simples e consistentes:

Em primeiro lugar, como os filhos testam os limites dos pais para escalonar seu poder, eles sabem, com clareza, quem é mais maleável e o mais rigoroso. Desqualificar o outro genitor, na presença dos filhos, compromete o respeito que os filhos precisam ter.

Além disso, adultos inseguros, com dificuldade em dizer "não" ou com medo do julgamento, provavelmente, presenciaram conflitos severos entre seus pais, em um momento em que não tinham maturidade suficiente para discernir. **Se acontecer uma discussão mais acalorada, que não seja na presença dos filhos**.

É natural que cada genitor possua estilo próprio de educar, no entanto, os conflitos devem ser resolvidos, principalmente, porque ambos desejam o melhor para os filhos (não há conflito de interesse), mas, por imaturidade, transformam a divergência em um jogo de poder.

Consultem um terapeuta, se as divergências provocarem distanciamento familiar.

Emoções vivenciadas pela criança durante a discussão dos pais:

falta de compreensão — a criança não possui cognição suficiente para entender a situação, podendo considerar que seja ela própria a causa do conflito;

medo — a criança teme uma ruptura no relacionamento dos pais;

tristeza — a animosidade compromete a sensação de segurança que a família deveria proporcionar;

preocupação — a criança evita expressar suas necessidades para não sobrecarregar seus pais.

Entre o ponto de vista de um e a opinião do outro, existem infinitas "nuances", que poderiam ser negociadas, mas para muitos pais, como já foi citado, só existem duas opções: o próprio entendimento e o equivocado, que vem da outra pessoa.

Gestão da comunicação

A qualidade da comunicação entre os parceiros possui um vínculo robusto com a satisfação que ambos sentem no relacionamento, uma vez que a saúde emocional é mantida na medida em que existe uma escuta ativa às demandas de cada um.

A prática clínica com a terapia de casais reflete que os casamentos felizes diferem das relações angustiantes, essencialmente pelo modo civilizado com que se resolvem os conflitos. Os parceiros podem optar pela briga ou pela negociação.

De acordo com a teoria comportamental, a maioria dos casos de comprometimento do bem-estar está relacionada a uma comunicação deficiente (o conflito resulta das respostas impacientes e carregadas de irritação às demandas e incômodos apresentados pelo parceiro).

De maneira geral, as pessoas não gostam que lhe chamem a atenção, ,e por isso, quando um erro é apontado, elas preferem "se defender" atacando os argumentos ou apontando as falhas do outro. Assim, vários problemas ficam sem solução.

É comum rebater o argumento do parceiro quando ele apresenta algum incômodo:

Na prática, a esposa está comunicando que não liga para o desconforto do parceiro, porque o reclamante erra também.

O marido sente que não conseguiu solução para o problema apresentado e, ainda, que não existe disposição da outra parte em resolver. É comum que, nesse tipo de embate, ambos subam o tom de voz e criem mais um distanciamento entre eles.

O modo de se expressar influencia no resultado (lembra-se disso?). As pessoas sabem, no entanto, estranhamente, preferem desabafar a raiva que sentem, mesmo que isso atrapalhe a negociação.

Muitas vezes, o tom de voz estraga o conteúdo da mensagem. Mesmo que a demanda seja legítima, se for apresentada com agressividade, irritação ou impaciência, diminui as chances de ser atendida.

Se o tom autoritário atrapalha a negociação, por outro lado, o tom passivo também dificulta, uma vez que o próprio emissor não valoriza o fato.

Os casais costumam se desviar do assunto principal, sempre que têm algo para resolver.

Nesse momento, cada um deseja demonstrar que tem razão e que a outra pessoa está equivocada, debatendo temas acessórios, que não ajudam em nada.

Não faz a menor diferença e, qual dia ocorreu. Afastar-se do foco principal gera mais conflito, e o problema permanece sem solução.

Até no atendimento clínico, as pessoas procuram a terapia para validar a própria opinião e demonstrar que o outro está errado.

Presumir com base nas evidências, é um grande risco para a produção de mal-entendido. O assunto poderia ser facilmente resolvido se falassem a respeito.

Tentar adivinhar o que o outro sente ou pensa, é um dos piores venenos na comunicação, porque nunca se presume de modo otimista. Nesse caso, ambos querem mais intimidade, mas em vez de se posicionar e resolver, cada um permanece com a própria "mágoa", que fabricou.

Em muitos conflitos, ambos insistem em esclarecer a intenção do outro. Nesse momento, o fato em si, perde importância.

Demonstrar que o outro está errado.

Quando se ouve uma reclamação do parceiro, a tendência é tentar se defender, no entanto, é a pessoa que você ama que está relatando um incômodo ou sofrimento. Ouça com atenção.

Simplesmente avalie a possibilidade de atender, caso isso não te adoecer.

Desprezo pelo relato do parceiro

Quase sempre, a pessoa quer apenas desabafar, ter apoio. Se ela quiser sua opinião, vai pedir. Do contrário, se abstenha de criticá-la.

Essa atitude desestimula a pessoa te procurar, preferindo buscar suporte em outro alguém que seja melhor ouvinte.

Muitas vezes, o parceiro quer apenas sua atenção, mas se não consegue, seguramente vai evitar lhe contar as coisas.

Stephen Covey (Os Sete Hábitos das Pessoas Altamente Eficazes) conta um episódio que aconteceu com ele no metrô em Nova York, quando um pai entrou com duas crianças que faziam a maior algazarra, tirando o sossego de todos, no vagão, enquanto o pai, de olhos fechados, parecia estar alheio à bagunça dos filhos.

Incomodado, Covey questionou o pai se ele não poderia fazer alguma coisa para controlar os filhos.

O pai pediu desculpas e explicou que tinham acabado de sair do hospital onde a esposa faleceu. Nem ele, nem as crianças, estavam sabendo lidar com a situação.

Envergonhado, o autor se desculpou e sua irritação deu lugar à empatia, sem que nada tivesse mudado, senão sua percepção sobre o problema.

Quase sempre queremos que as atitudes do outro sejam aquelas que julgamos corretas, sem considerar o que motivou tal comportamento.

Quando a percepção muda, as reações e os comportamentos também se alteram.

A comunicação saudável envolve a empatia para perguntar antes de discernir, com base nas aparências e ser guiado por frustrações que raramente refletem a realidade.

Gestão de RH

Do mesmo modo que acontece no ambiente corporativo, a instituição "casamento" é composta por pessoas. Desta forma, antes de pensar nas regras, há que se considerar as emoções, expectativas e motivação.

Por que as pessoas se casam?

1. por amor, desejo de envelhecer com a pessoa;

2. constituir família, ter filhos;

3. obter companheirismo, segurança e apoio;

4. atender a norma social de se estabelecer como adulto;

5. rito religioso que atende suas crenças espirituais;

6. criar intimidade e parceria;

7. busca de conexão emocional.

O choque de gerações

A divisão das pessoas em gerações permitiu uma avaliação sociológica dos grupos, de acordo com os momentos culturais em que cresceram e foram moldados.

Constructor	*Baby Boomer*	Geração X	Geração Y *Millenials*	Geração Z
Nascidos até 1944	Nascidos entre 1945 e 1964	Nascidos entre 1965 e 1980	Nascidos entre 1981 e 1997	Nascidos entre 1998 e 2009

Constructor   Esta geração construiu as bases da sociedade que temos atualmente.

Baby Boomer   Com o fim da II guerra, os soldados retornaram e houve uma explosão de bebês. Foram os criadores do termo *workaholic*. Esta geração concentra boa parte da riqueza mundial. São motivados pela estabilidade financeira por empregos de longo prazo, mesmo que seja em detrimento da vida pessoal.

Geração X   Cresceram sozinhos porque ambos os pais trabalhavam. São avessos à supervisão profissional e procuram equilibrar o trabalho com a diversão.

Geração Y   São conhecidos como saltadores de empregos. Buscam constantemente melhores condições de trabalho e salários maiores. Possuem uma alta necessidade de pertencimento.

Geração Z   Buscam realização e um senso de propósito em sua atuação profissional. Já nasceram "conectados". Usam bastante as redes sociais, são imediatistas e evitam a rotina.

Por volta de 2015, a Microsoft percebeu que, a partir de 2020, até 5 gerações diferentes iriam conviver no mesmo ambiente de trabalho. Por essa razão, criou uma plataforma (Azure) que adaptava essa convivência. Um funcionário mais antigo usa o *e-mail* para se comunicar com um mais jovem, que recebe a informação por mensagem instantânea. Cada um com sua preferência tecnológica.

Para finalidade de estudo, existe a geração *Constructors*. De antes da geração *Baby Boomers*, foi considerada para fins de estudos, os *Constructors*.

Sob o ponto de vista terapêutico, geralmente, os B*aby Boomers* apresentam mais problemas de superego (não pode fazer, é errado), porque tiveram uma criação mais rígidas por seus pais.

Já os integrantes da Geração Z, costumam apresentar problemas de ID (tudo é permitido, eu quero agora), considerando que a maioria dos pais que os criaram foram excessivamente permissivos).

Avaliar o que motiva cada geração é uma tarefa importante, mas requer cuidado: o indivíduo nascido em 1964, formalmente, pertence à geração dos *Baby Boomers*, no entanto, está mais próximo da Geração X, portanto, mais suscetível às suas influências.

Entendendo o parceiro: — você não se relaciona de modo saudável, sem conhecer a pessoa com quem convive. É preciso conhecer-lhe os pontos fortes, os valores e as fragilidades, para não exigir atributos que a pessoa não tem.

Colaboração e engajamento: — equipes unidas trabalham melhor e são mais produtivas, em qualquer ambiente.

Tolerância é fundamental para conviver pacificamente com as diferenças. Em vez de polarizar, ajude a encontrar um consenso ou pelo menos, a sensação de justiça, em que ambos estão dando sua cota de sacrifício para o relacionamento funcionar.

Forneça e aceite *feedbacks*, que representam informações valiosas de como melhorar a parceria. Reconhecer as qualidades do outro o estimula a continuar acertando.

Saiba o que contribui e o que atrapalha a harmonia do casal. As pessoas só vão dar o melhor de si, quando se sentirem valorizadas, apoiadas e compreendidas.

Tipos de casamento

Casais desmotivados: ambos insatisfeitos, mas sem energia para mudar, com forte tendência ao divórcio e a repetir o mesmo comportamento em experiências futuras.

Casais em conflito: apesar dos desafios de comunicação, estão lutando, não pela relação, mas cada um em função do próprio bem-estar. Esta resiliência não dura muito tempo, se não mudarem as atitudes.

Casais tradicionais: não são muito exigentes e encontram realização na criação dos filhos e na prática religiosa.

Casais harmoniosos: boa interação conjugal e elegância para resolver as divergências. O divórcio é incomum nesse grupo.

Casais vitalizados: no auge da satisfação conjugal, com boa gestão financeira, estabilidade emocional e respeito mútuo. Simbolizam o amor verdadeiro.

O tipo de relação depende das **escolhas** de ambos. Em qual grupo pretendem se posicionar?

Expectativas

Considerando que o desejo de ser amado é intrínseco do ser humano, as pessoas se casam, também com a expectativa de suprir esta necessidade.

Na prática, ambos esperam que seja assim, mas não se esforçam para construir essa realidade (esperam apenas receber do outro). O resultado é um alto índice de frustração dos dois lados.

Enquanto os parceiros não estiverem dispostos a mudar suas condutas, a instituição "casamento" não terá muita chance de funcionar. Esperamos do outro, mas ignoramos que o outro também espera de nós.

Para complicar, quando a pessoa está sob efeito emocional, ela tende a criar expectativas irrealistas sobre o parceiro: — aspectos que não influenciam a relação em nada, servem apenas para criar conflito. (Ex.: querer que o parceiro mude o relacionamento que tem com os seus pais).

É prudente revisar as próprias demandas, para se certificar de que não está exigindo mais do que o parceiro consegue oferecer.

Atitudes de validação

Enviar mensagens de amor, para dar segurança emocional. Não é prudente esperar que o parceiro saiba que é amado, sem que ele ouça isso.

Elogiar quando a pessoa merecer. – Se fizer demais, banaliza o ato e não vai produzir efeitos. Se fizer de menos, vai abrir espaço para que outra pessoa o faça.

Palavras de apoio criam um porto seguro no relacionamento. O parceiro sente que tem alguém com quem ele pode contar, que o impulsiona.

Tempo de qualidade

Não se trata apenas de passarem mais tempo juntos, mas que tenha mais interação e investimento de ambos;. o quanto será dedicado para se conectar emocionalmente com o outro.

Permanecer no mesmo cômodo da casa, cada um manuseando o próprio celular, não é tempo de qualidade. Realizar uma tarefa doméstica juntos e alegremente é uma obrigação do casal, mas também não é tempo de qualidade.

Estamos falando aqui de uma conversa profunda, viagem a dois, jantar romântico etc. Para saber que está funcionando, ambos precisam se sentir amados e valorizados.

Quebra da rotina

Presentes inesperados, surpresas sensuais, contato sexual em dias e locais não previsíveis.

Equilíbrio

Divisão justa dos serviços domésticos, afinal, os dois comem, os dois sujam. E esse serviço não se limita à limpeza. Fazer compras, tomar a iniciativa para corrigir o que precisa, levar o café na cama de vez em quando. A regra de ouro é ajudar sem o outro ter que pedir.

Contato físico

Preferir acomodar-se junto do parceiro, sempre que for possível.

Massagem contribui para a intimidade do casal.

Demonstrar mais interesse pelos assuntos que são importantes para o parceiro não é um contato físico, mas o viabiliza.

As metáforas do casamento

O banco do amor

Willard Harley (2004) criou um conceito muito interessante, associando os relacionamentos a um banco, em seu livro "Ela precisa, ele deseja". O autor afirma que todos nós abrimos uma conta para cada pessoa que conhecemos.

As movimentações (depósitos ou retiradas) vão acontecendo à medida que a gente se relaciona. Se a interação for prazerosa, é possível considerar que houve um depósito. Se foi desagradável, houve uma retirada. Desta forma, as pessoas vão formando saldos diferentes em sua contabilidade pessoal.

Quando alguém fica com saldo negativo, é porque lhe causou mais tristeza do que alegria. Este conceito foi feito para dar uma ideia de que recebemos e transmitimos influências emocionais em nossos encontros. Em um casamento, cada um dos cônjuges tem o seu próprio banco do amor. - Convém consultar seu saldo de vez em quando.

De um jeito ou de outro, todas as pessoas fazem esse tipo de contabilidade de forma automática, inconsciente, quando procuram equilibrar o que doam com aquilo que recebem e, assim, constroem relacionamentos saudáveis.

Com o passar do tempo, os saldos das pessoas vão variando conforme elas interagem com você. Há pessoas que depositam grandes somas conosco, outras vão viver sempre no vermelho, ou até terão suas contas encerradas.

Todo e qualquer encontro produz alguma influência emocional, e é isso que determinará a movimentação feita no Banco do Amor. Claro que os depósitos e retiradas não são valores exatos. Não vamos dizer que Marília depositou dezoito unidades porque nos fez um favor... Diremos apenas que depositou. Se algum dia ela quiser fazer uma retirada maior do que o seu saldo, o bom-senso nos dirá isso.

Em um relacionamento, há dois "bancos do amor" atuando permanentemente: toda interação reflete sua movimentação correspondente.

Quando dois se conhecem, abrem conta, um no banco do outro, com saldos iniciais zerados. Tudo o que acontecer dali pra frente, será resultado dessa contabilidade.

No começo, todo relacionamento é bom, porque os pares fazem depósitos generosos... em primeiro lugar para se mostrarem melhores que são, realmente, e fazem isso para obter algo que desejam. – Todo início de relacionamento funciona mais ou menos assim... Amantes acenam com possibilidades maravilhosas, mas só porque são amantes... quando se tornarem oficiais,. Vão se comportar como tal.

Aforismos e citações

> O que conta para fazer um casamento feliz não é o quanto vocês são compatíveis, mas como vocês lidam com a incompatibilidade.
>
> Leon Tolstói

> Mantenha os olhos bem abertos antes do casamento, meio fechados depois.
>
> Benjamin Franklin

> O casamento é o vínculo entre uma pessoa que nunca se lembra dos aniversários e outra que nunca os esquece.
>
> Ogden Nash

> Feliz de quem encontra amizade verdadeira em seu cônjuge.
>
> Franz Schubert

Eu amo ser casada. É tão bom encontrar aquela pessoa especial que você quer irritar pelo resto da vida.

Rita Rudner

Casamento: às vezes almas gêmeas, às vezes companheiros de cela.

Rory Elder

O casamento faz de duas pessoas uma só, difícil é determinar qual será.

William Shakespeare

O amor é sonho dos solteiros. Sexo é sonho dos casados.

Arnaldo Jabor

Se tem medo da solidão, não se case.

Anton Tchekhov

O casamento dá um limite ao indivíduo, e por conseguinte, segurança à coletividade.

Christian Hebbel

No casamento há mais amor-próprio que amor.

Ediel

O amor buscado é bom. Mas quando é dado sem ser procurado, é melhor.

William Shakespeare

Você tem que aprender a sair da mesa quando o amor não está mais sendo servido.

Nina Simone

Nunca acima de você. Nunca abaixo de você. Sempre ao seu lado.

Walter Winchell

Três etapas de um casamento:

1. loucos um pelo outro
2. loucos um com o outro
3. loucos por causa do outro.

Rita Lee

Estamos sempre de mãos dadas. Se eu deixar ir, ela compra.

Henry Youngman

O casamento é o máximo da solidão com a mínima privacidade.

Nelson Rodrigues

Eu quero o tipo de casamento que faz meus filhos quererem se casar.

Emily Wierenga

Quem, sendo amado, é pobre?

Oscar Wilde

O que a astrologia tem a acrescentar

As pessoas que atravessam crises em seus relacionamentos querem aproveitar todas as oportunidades de buscar respostas. Prova disso é que se você buscar pelos termos "amor" e "astrologia" no Google, obterá 27 milhões de ocorrências (pesquisa em maio/2023).

A universidade de Manchester, nos Estados Unidos, avaliou 10 milhões de casais, com o objetivo de comparar os signos com a vida que tinham.

Os astrólogos têm ideias específicas sobre quais signos combinam melhor: um Sagitário fica melhor com Leão ou Aquário, mas a equipe da Universidade de Manchester descobriu que, na realidade, as pessoas tendiam a se casar com outras com datas de aniversário próximas às suas. Na verdade, o número de casais com exatamente o mesmo aniversário foi 41% maior do que o esperado.

O estudo concluiu que o signo astrológico não tem impacto na probabilidade de se casar ou de permanecer no relacionamento. Um estrago nas expectativas das pessoas que se preocupam com o zodíaco.

Gestão de escopo

Desde a revolução empresarial promovida por Henry Ford, a maneira de conduzir os negócios vem evoluindo de acordo com que mudam os costumes e a cultura dos povos, no entanto, a estrutura dos relacionamentos não acompanhou este movimento.

No início do século XX, a expectativa de vida do brasileiro era de apenas 29 anos. Em 2023, passou de 76 anos. – Vivendo mais, o tempo de convivência também aumentou. Nos preparamos para isso?

O divórcio só foi regulamentado em nosso país em 1977: Emenda Constitucional 9, de Nelson Carneiro.

Quando se percebe alguma evidência machista na obra de Sigmund Freud, os defensores justificam pela época vitoriana, caracterizada por ser uma sociedade patriarcal que não reconhecia os desejos da mulher.

Mais de um século depois, o mundo não está muito diferente: — o machismo só está mais discreto.

Apesar de não haver proibições explicitas no ambiente profissional, a remuneração da mulher ainda é 17% menor. Além disso, segmentos "religiosos" mais radicais defendem que a mulher não deve trabalhar fora.

Atividade sexual

As pessoas costumam ver o sexo como um fim em si mesmo, para proporcionar prazer ou alívio, mas essa visão limita o potencial que essa atividade tem para promover conexão emocional e autoconhecimento.

Estamos falando de entrega sem esperar retorno. Na prática, isso significa tocar o corpo do outro sem intenção de consumir, apenas "degustar".

A intenção do toque é percebida pelo parceiro. A pessoa que aplica massagem com amorosidade, produz altos níveis de bem-estar em quem recebe. A mãe que toca o bebê com cólica, aplica Reiki sem perceber, devido ao amor que transfere naquele toque.

O sexo de qualidade não está limitado apenas à orientação genital. Há outras áreas no corpo capazes de responder sensualmente aos estímulos, proporcionando prazer e alegria em ambos. Basta ter calma e tempo suficiente para explorar.

Quando o ato sexual representa uma descarga de energia acumulada ou um alívio para as tensões, os parceiros terão pressa de chegar ao final, de promover o orgasmo. Não tenham pressa de se mover até a sensação final. Aproveitem o durante.

Deste modo, o sexo verdadeiro se manifesta na forma de um ciclo. Ninguém sabe onde começa ou onde termina o próprio "eu".

O mundo ocidental define fases para a atividade sexual, que começa com a sedução, o roteiro previsível de carícias e a busca frenética pelo orgasmo: —. a troca de sensações antes da penetração. Não como formalidade, mas pelo prazer de acariciar, sem impor no outro a obrigação do orgasmo. Isso também é sexo, é prazer, mas sobretudo produz conexão íntima entre os parceiros.

O prazer sexual é uma resposta fisiológica a um conjunto de estímulos psíquicos. Para se conectar emocionalmente a alguém, é preciso ter antes, experimentado sensações de validação, intimidade e segurança.

O tratamento dispensado no dia a dia é indissociável da qualidade da comunicação do casal. As palavras têm o poder de aumentar a libido e o desejo sexual.

Este aspecto do relacionamento é influenciado significativamente pela saúde física e emocional. – Isso significa que, para resolver problemas de conexão sexual, é preciso tratar antes as questões da psiquê.

As pessoas não costumam se sentar à mesa para fazer uma refeição sem que estejam com fome. Da mesma forma, os participantes da atividade sexual devem estar predispostos a isso. Devem se tratar com gentileza, dois dias antes, pelo menos.

Cada pessoa tem um ciclo sexual próprio. Alguns começam mais cedo, outros demoram para obter maturidade nesse segmento da vida. A ausência ou baixa frequência sexual, não reflete necessariamente falta de amor. É possível que o casal esteja vivendo fases diferentes desse ciclo. A ocitocina está associada à confiança e seus níveis aumentam durante um abraço ou um orgasmo emocional dos parceiros.

O corpo humano é dotado de inúmeros receptores sensoriais, nomeados como visão, olfato, tato, audição e paladar. Uma sexualidade exercida a partir da pornografia só envolve 2 sentidos (visão e audição), esquecendo que o sexo também tem cheiro, sabor e textura.

O sexo sensorial é capaz de aumentar o prazer em até 10 vezes, conectando a atividade aos nossos sentidos. Em muitas situações, fazemos as coisas de forma mecanizada e automática, em vez de oferecer presença plena para o momento. Podemos estimular os 5 sentidos durante a atividade sexual, para obter uma experiência mais intensa.

Sensação é a ativação de receptores sensoriais no nível do estímulo. Percepção é o processamento central de estímulos sensoriais em um padrão significativo para o nível da consciência. Percepção é dependente de sensação, mas nem todas as sensações são percebidas.

Esteja atento a elas.

Visão

A visão influencia o desejo e a excitação, porque ativa áreas do cérebro ligadas ao prazer e ao sistema de recompensa, contribuindo para uma experiência sexual mais intensa. A nudez do parceiro, o cenário, ou a privação deste sentido, como uma venda nos olhos.

A roupa que vai ser tirada, os detalhes físicos, gestos, expressões faciais e movimentos produzem grande estímulo.

Este sentido também é responsável por perceber a comunicação não verbal, como exemplo, uma troca de olhares. Isso aumenta a conexão emocional e fortalece a intimidade.

O campo visual materializa fetiches e fantasias sexuais, também demonstra o cuidado prévio para aquele momento, como a escolha acertada para as roupas íntimas. É um mundo a ser explorado.

Olfato

A estimulação sensorial da membrana olfativa vincula determinados odores à atração sexual, principalmente por associação (em episódios anteriores do contato sexual, ambos tiveram esta sensação).

Pão de queijo quentinho tem o a sensação de prazer aumentada quando se sente o cheiro dele, ainda no forno. Por outro lado, a ojeriza ao cheiro de flores pode remeter a uma experiência traumática.

Diversas pesquisas apontam que a mulher usa o olfato mais do que o homem, podendo ser um critério mais relevante do que a aparência, na escolha de um parceiro sexual.

De acordo com a teoria da atração (desvio), estar apaixonado por alguém acarreta uma redução na quantidade de atenção que damos a outras pessoas. Isso explica a mudança depois do casamento.

Tato

A pele é o maior órgão do corpo, onde uma busca atenta encontra pontos novos de sensibilidade. – Os movimentos não devem seguir nenhum encadeamento. A imprevisibilidade dá o tempero.

Axilas, por exemplo, são regiões pouco exploradas durante a atividade sexual. Por serem muito irrigadas e ricas em terminações nervosas, possuem enorme potencial de produzir prazer. No homem, é possível transformar uma ereção preguiçosa em puro vigor. Parte da literatura trata isso como fetiche, mas é algo que não deve ser negligenciado.

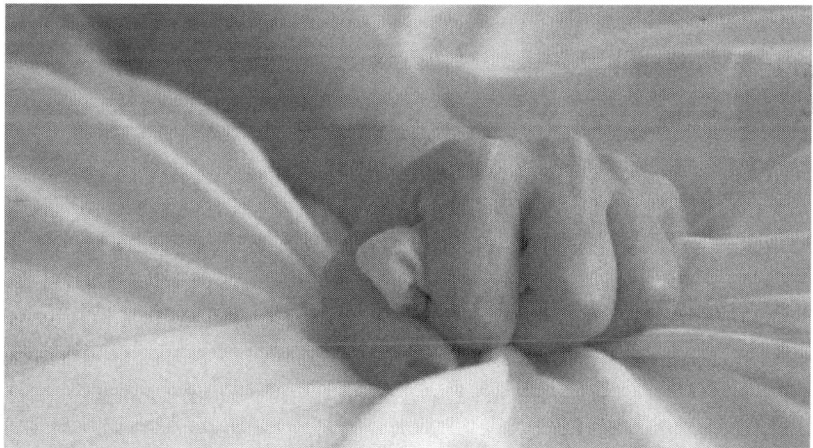

Audição

Sincronizar as respirações estimula a audição, com atenção plena aos sons emitidos durante o ato.

Considerando que a percepção do prazer de um influencia o prazer do outro, o sexo tem sons característicos: — o gemido ou a respiração ofegante demonstra o prazer sentido naquele ato, além de servir de orientação sobre o que agrada a pessoa.

A música também é capaz de influenciar o estado de ânimo dos parceiros, promover envolvimento e ainda cria uma memória afetiva a respeito daquele momento.

O sexo demanda privacidade. A proximidade de outras pessoas gera bloqueios que comprometem a entrega e o prazer.

Lembrando que as preliminares começam bem antes da cama, quando palavras afetuosas e de validação deixam as pessoas mais predispostas ao sexo.

O repertório musical também ajuda a criar uma memória afetiva daquele momento especial.

Paladar

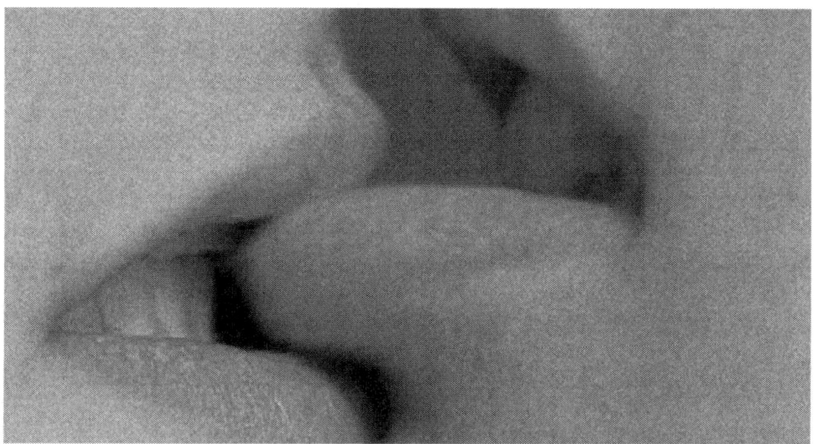

As papilas gustativas diferenciam a pessoa da mesma forma que as impressões digitais. Respeitando as diferenças entre ambas, muitas pessoas incluem uma lista de alimentos que temperam a intimidade (morango, chocolate, champanhe, cerejas, pimenta, entre diversos outros): — Melhor que seja de olhos vendados, para adivinhar. O modo como são servidos ou disponibilizados faz toda diferença.

As escolhas alimentares antes do encontro influenciam positiva ou negativamente (evite temperos fortes, como alho e cebola).

Sem esquecer que a boca em contato com a pele é capaz de te fazer provar o "sabor" da outra pessoa.

A química do desejo	
O que ajuda	O que atrapalha
Buscar o equilíbrio na divisão de tarefas	Quando um dos parceiros se sente sobrecarregado com as obrigações domésticas
Elogios sinceros, validação	Críticas constantes, reclamações
Despertar a admiração do outro	Ignorar as expectativas de ambos nos diálogos
Criatividade, surpreender o parceiro	Quando ambos se entregam à rotina e à monotonia
Ajudar, mesmo que a tarefa seja atribuição do parceiro	Não realizar atividades juntos (cada um tem seu próprio hobby)
Cuidar para que ambos sintam prazer	Preocupação com a *performance* sexual, no modo como será visto ou julgado pelo outro
Comunicação aberta e respeitosa	"Pisar em ovos" com o objetivo de evitar conflitos
Iniciativa e surpresas	Entregar-se à rotina e a previsibilidade da relação

O casamento em números

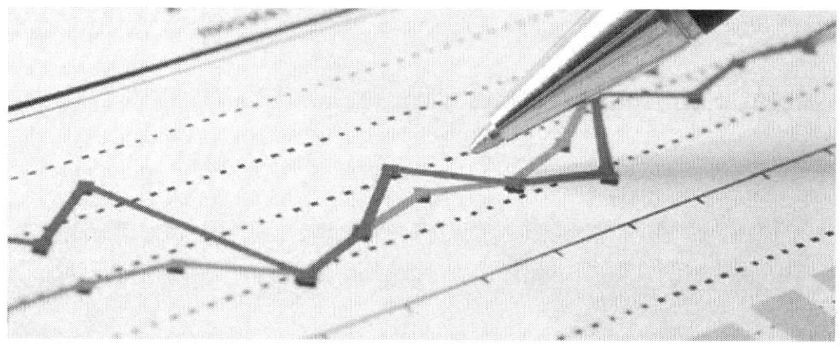

É importante identificar que estamos lidando com uma instituição frágil, <u>carente de ações assertivas</u>. Do contrário, estar junto se torna uma experiência desafiadora.

O divórcio é uma experiência que produz impactos emocionais e financeiros nos envolvidos. As taxas de têm crescido no mundo inteiro nas últimas décadas.

Uma pesquisa feita pelo *Pew Research* Center apontou que quase metade dos casamentos no Canadá e nos Estados Unidos terminam em divórcio.

Até os países com legislação que dificulta o término dos casamentos (Japão, Índia e China) tiveram suas taxas de divórcio duplicadas.

Países com maior taxa de divórcio	
País	Número de divórcios por 1.000 habitantes
República das Maldivas	5
Cazaquistão	4,6
Guam	4,3
Rússia	3,9
Moldávia	3,8
Bielorrússia	3,7
China	3,2
República de Aruba	2,9
Lituânia	2,8
República Dominicana	2,7
...	...
Brasil	1,9

Países com menor taxa de divórcio	
País	Número de divórcios por 1.000 habitantes
1. Vietnam	0,2
2. Sri Lanka	0,2
3. Peru	0,2
4. São Vicente	0,4
5. Malta	0,5
6. África do Sul	0,6
7. Irlanda	0,6
8. Guatemala	0,6
9. Venezuela	0,7
10. Uruguai	0,7

https://www.pewresearch.org/

Proporção entre casamentos e divórcios no Brasil		
Ano	Casamentos	Divórcios
2014	1.101.586	341.181
2015	1.131.707	328.960
2016	1.090.181	344.526
2017	1.064.489	373.216
2018	1.043.947	385.246
2019	1.015.620	383.286
2020	750.746	331.185
2021	923.300	386.813
2022	970.041	420.039

https://www.pewresearch.org/

De acordo com o IBGE, a média de idade das pessoas que se casam é de 30 anos para os homens e 28 para as mulheres.

Em 2014, o percentual de mulheres responsáveis pela guarda dos filhos era de 85%. Esse número caiu para 50,3% em 2022. Nesse mesmo período, o percentual de guarda compartilhada saltou de 7,5% para 37,8%.

Taxa de divórcios	
Proporção	Duração do casamento
48,8%	Menos de 10 anos
24,9%	Entre 10 e 19 anos
26,3%	Com 20 anos ou mais
Em média, os homens se divorciam aos 43 anos e as mulheres, aos 40. O tempo médio de duração do casamento no Brasil é de 13 anos.	

https://www.pewresearch.org/

País	Duração média do casamento
Itália	18 anos
Canadá	13,8 anos
França	13 anos
Estados Unidos	12,2 anos
Inglaterra	11 anos

https://www.pewresearch.org/

Durante aproximadamente 200 anos a expectativa de vida das pessoas se manteve abaixo dos 30 anos. Os avanços na medicina, na alimentação e na higiene, entre 1900 e 2000, fizeram a expectativa crescer de 32 anos para 66. Em 2021, subiu para 76 anos e é possível que até o final do século XXI, se aproxime de 90 anos.

Não podemos dizer, portanto, que os casamentos antigos duravam mais, sem observar que, nos últimos 100 anos, a esperança de vida das pessoas dobrou.

As pressões sociais são menores hoje, mas é fato que as pessoas vivem mais tempo. Os casamentos precisam se adaptar a essa nova configuração de longevidade.

Estudos locais demonstram que a Bielorrússia, possui uma taxa de 3,7 divórcios para cada 1.000 habitantes. Ali, o consumo de vodka faz parte da cultura, o que, em muitos casos, leva à dependência e ao abuso. Além disso, fatores como o desemprego, pobreza e a falta de moradia prejudicam os relacionamentos. Já as leis de divórcio são bastante simples, podendo ser aprovado entre 30 e 60 dias.

A China possui taxa de 3,2 para cada grupo de 1.000 pessoas. Muitas vezes, os casais moram em cidades diferentes, por razões profissionais, o que também permitiu independência financeira das mulheres.

A República das Maldivas possui a maior taxa de divórcio do mundo, por ter uma cultura islâmica e o sistema legal, embasado na lei Sharia, que permite que os homens se divorciem, apenas declarando sua intenção, em um procedimento burocrático extremamente simples. Além disso, as pessoas se casam ainda jovens, revelando decisões impulsivas e prematuras de estabelecer um relacionamento que não resiste ao tempo.

Nos países com taxas menores de divórcio, não significa que os indivíduos tenham, necessariamente, relações felizes. Algumas regiões oferecem burocracias complexas, histórico de violência contra a mulher ou pressões sociais, devido à cultura tradicionalista.

A taxa de divórcio depende da quantidade de casamentos. Em lugares onde as pessoas se casam menos, haverá menos divórcios.

A índia possui a menor taxa de divórcio no mundo (0,11 por mil habitantes). Ali, existe a crença de que as pessoas que se divorciam não têm o direito de fazer parte da sociedade (o *status* social será prejudicado).

Gestão do tempo

Frequentemente, os casais enfrentam o desafio de conciliar seus compromissos pessoais, profissionais e compartilhados. Alcançar esse **equilíbrio** é papel de ambos para manter a conexão saudável.

Quando falamos em equilíbrio, referimo-nos ao tempo do casal e também o tempo destinado às atividades individuais, que são igualmente nutritivas.

A gestão eficaz do tempo não se limita a encontrar momentos para o convívio, mas sim, criar tempo de qualidade que fortaleça o vínculo.

Phubbing

Termo que aglutina as palavras **phone** e *snubbing* (esnobar) para representar o ato de ignorar as pessoas ao redor para dar atenção ao celular.

Não é raro ver casais, amigos e familiares, cada um, operando seu próprio Smartfone. O que pode ser tão urgente, a ponto de negligenciar sua companhia?

Infelizmente é assim que os parceiros convivem: — estão juntos fisicamente, mas cada um, explorando seu próprio mundo, sem interagir.

Até a década de 1980, as famílias tinham um automóvel apenas, um único banheiro na residência, um aparelho telefônico compartilhado. O conforto aumentou, cada um com seu próprio quarto, banheiro, e automóvel, mas o convívio diminuiu. É uma tendência perigosa.

David Sbarra (2016), professor de psicologia da Universidade do Arizona, justifica esse fenômeno com o temperamento intrínseco dos humanos de se conectar com outras pessoas, mas não se trata mais de estabelecer conexões para sobreviver como indivíduos. Estamos falando de um vício que assumiu o controle.

Como essa regra já está estabelecida e consolidada, existe uma pressão social para participar deste regime de escravidão voluntária. – Os amigos, familiares, parceiros profissionais consideram valor na resposta rápida e, claro, todos querem entregar valor nos grupos de que participam. – Caso nítido de solidão acompanhada:: todos no mesmo ambiente, mas distraídos com seus telefones.

É irónico que os dispositivos tecnológicos, que tenham sido desenvolvidos para melhorar a comunicação, possam, na verdade, dificultar. A conexão com pessoas que estão distantes afasta aquelas que estão mais próximas.

O vício na Internet apresenta reações cerebrais semelhantes ao vício em heroína e outras drogas. O impacto disso em crianças é especialmente preocupante, porque ainda estão desenvolvendo a estrutura neurológica e as habilidades sociais.

Nicholas Kardaras (2024) define o tempo de tela como cocaína digital, devido ao desejo mais intenso do que a própria necessidade e o prazer de se alimentar.

Uma das nossas principais necessidades em relacionamentos é nos sentirmos valorizados e importantes por nossos entes queridos. E passar tempo de qualidade com essas pessoas é uma das maneiras mais eficazes de demonstrar e receber amor e afeição. No entanto, pesquisas mostram que o *phubbing* reduz a qualidade das interações face a face, tornando essas trocas menos significativas.

O *phubbing*, definitivamente, diminui a qualidade das conexões presenciais, principalmente, quando acontecem de modo recorrente, porque isso se torna motivo de conflito e afasta os parceiros.

Para evitar este veneno, procure criar momentos livres do telefone, como as refeições, antes de dormir e, principalmente, quando estiver dialogando com alguém. Pessoas que têm filhos, pais idosos, alegam que precisam verificar se está tudo bem, no entanto, ninguém publica uma emergência nas redes sociais, nem tampouco a envia por mensagem instantânea. A pessoa vai ligar.

O pastor Gary Chapman (3.ª edição, 2024) publicou o livro "As Cinco Linguagens do Amor", muito popular entre jovens casais, que descreve as maneiras pelas quais os parceiros expressam seu amor. São elas:

Tempo de qualidade. Reservar um tempo para se dedicar à outra pessoa, promover conversas significativas e buscar atividades juntos.

Palavras de afirmação. Demonstrar amor por meio da verbalização (validação, elogios e incentivos).

Presentes. Expressar afeto dando presentes.

Atos de serviço. Realizar tarefas para aliviar os fardos do parceiro.

Toque físico. Demonstrar amor pelo toque físico (abraços, beijos, mãos dadas).

O problema é que cada um desenvolve uma preferência para transmitir e receber amor. Por exemplo, se um parceiro manifesta seu amor com atos de serviço, ele vai se ressentir se a outra pessoa não perceber e validar isso. – A situação piora quando a companheira espera outro tipo de manifestação. Apesar de estarem se esforçando, ambos se sentem infelizes no relacionamento.

Um casal que não se comunica adequadamente, desconhece o que é importante para cada um. Acham que estão fazendo e pronto.

Tempo de qualidade	Como o casal aproveita os momentos de intimidade, como se comporta nos eventos sociais e, principalmente, se cada um se sente realmente "ouvido".
Palavras de afirmação	Segundo o autor, as pessoas ignoram o poder de uma validação mútua. Isso não está restrito aos elogios. Demonstrar gratidão, verbalizar o amor que sente, também é importante.
Presentes	O ato de pensar em alguém e dedicar tempo para agradar essa pessoa cria vínculos imediatos e consistentes.
Atos de serviço	Não significa cumprir a própria obrigação, mas aliviar o fardo do outro. Ignorar isso faz com que a outra pessoa se sinta rejeitada.
Toque físico	Desde o nascimento, o indivíduo precisa do contato físico para se desenvolver emocionalmente. Cumpre esclarecer que a harmonia do convívio determina a efetividade do toque físico.

Gestão de custos

Aproximadamente, 20% dos divórcios são causados por questões financeiras.

A depender da conexão que a pessoa estabelece com o dinheiro, este problema se torna mais evidente do que as demais divergências entre o casal.

Warren Buffet, investidor norte-americano, costuma dizer que a decisão financeira mais importante na vida de uma pessoa não tem nada a ver com dinheiro, mas sim, a escolha de quem será seu cônjuge. É preciso compreender antes o quanto são diferentes para lidar com o dinheiro, ou seja, quais são as premissas que fundamentam a opinião de cada um sobre o tema.

Desequilíbrio na participação das despesas da casa.

Ressentimento com gastos unilaterais.

Diferença significativa de personalidade (quando apenas um tende a economizar ou investir enquanto o outro gasta de forma descontrolada).

Divergência quanto ao risco que cada um está disposto a assumir com investimentos

Desentendimentos sobre o que é meu, seu e nosso.

Jogos de poder em função de quem contribui mais com a despesa, porque cria mágoa, caso o outro se sinta diminuído.

Há várias referências na literatura apontando que combinar as receitas é a melhor alternativa, mas a prática clínica diz o contrário. Em algum momento, haverá crítica ou discordância pelo gasto do outro.

O ideal é ter um fundo de participação equilibrado para os investimentos e as despesas da casa. Um parceiro não deve se sentir sobrecarregado na relação, porque esta insatisfação refletirá em outras áreas da convivência.

Lembrando que o mesmo Warren Buffett afirma que pessoas com educação universitária são funcionárias de pessoas com educação financeira.

Gestão de crises

Atendo alguns casais longevos, com uma relação de amor e qualidade, mas que, em algum momento, atravessam problemas capazes de ameaçar a convivência.

Uma vez que a terapia identifica o que funciona e o que não funciona na relação, isso proporciona ao profissional uma visão ampla dos principais desafios enfrentados pelos casais.

A questão é como essa experiência será assimilada e digerida pelo psicoterapeuta, para não se criarem dogmas falaciosos a partir de padrões recorrentes:

Um exemplo:

Faço terapia com um casal, cuja relação sobrevive há 39 anos. A principal estratégia deles é quando um está irritado o outro recua. – Sempre funcionou.

No entanto, é prematuro apresentar esta técnica como vencedora, porque funciona para aquele casal em particular.

Atendo outro casal com 38 anos de convivência em que ambos se irritam simultaneamente e as brigas são severas. Não adianta tentar implementar a estratégia utilizada pelo outro casal porque nesse caso, o temperamento dos envolvidos é explosivo e, de certa forma, aprenderam a conviver com isso.

A abordagem da terapia de casal é elencar as demandas de cada um, bem como a disposição do outro em atender (sem adoecimento).

O que cada parceiro considera uma relação feliz?

Quais são os defeitos do outro, que incomodam?

Antes de me dirigir ao outro para identificar o que ele é capaz de realizar (sem adoecer), provoco cada parceiro na intenção de diminuir suas expectativas, para que sejam mais razoáveis e, portanto, mais fáceis de resolver.

Sob desgaste emocional, até as questões que não afetam diretamente a relação incomodam. Além disso, quanto mais demandas, mais difícil de o outro atender.

Lidando com os conflitos

O conflito está presente em qualquer relação saudável, porque envolve valores e expectativas diferentes. A estratégia vencedora não é a evitação dessas divergências, mas aprender a resolver de modo saudável, pois a gestão equivocada das divergências causa danos progressivos ao relacionamento. Evitar o conflito o tornará uma profecia autorrealizável.

Quando um automóvel usado está sendo negociado, o vendedor deseja obter o <u>máximo</u> valor possível. O comprador, por sua vez, deseja pagar o <u>mínimo</u> Está estabelecido aí, o conflito de interesses. – Felizmente existe um valor de mercado, que serve de referência e mediar essa negociação. Nem sempre os casais praticam essa abordagem. Via de regra, só existem duas opções: — o pensamento de um e o pensamento do outro.

As divergências, quando ignoradas, tendem a se agravar e causar danos na unidade do casal. Isso acontece porque as pessoas tendem a responder a eles com base em suas próprias convicções, e não diretamente, sobre a realidade dos fatos.

Dentre todas as habilidades necessárias, o controle emocional é a mais importante. Sabemos que calar-se diante de um problema faz adoecer. No entanto, **controlar suas emoções** no momento do diálogo, fará de você, uma pessoa mais feliz, pelas seguintes razoes.

1. Você evita arrependimentos

2. Evita magoar a outra pessoa

3. Evita se distanciar da solução, afinal, a animosidade não ajuda a resolver os problemas.

Diante do conflito, costuma-se observar apenas os próprios interesses que imaginamos prejudicados e ignoramos refletir sobre as questões importantes para a outra pessoa. Na prática, é uma questão simples de ouvir com atenção, porque algo incomoda o outro. Depois de ouvir com atenção, é possível avaliar se consegue atender sem adoecer emocionalmente.

Em algum momento da relação, toda convivência produz algum tipo de sofrimento nos parceiros. Quando os problemas não são resolvidos, a comunicação está impregnada de críticas e cada um mostra seu pior lado.

Os padrões de comportamento que conduziram a relação até a situação de crise precisam mudar.

Quando alguém trata o parceiro de forma civilizada, torna-se merecedor do mesmo tratamento. Primeiro porque aumenta a chance de conseguir o que deseja, e para investir no bem-estar de ambos.

O que está sendo um veneno até aqui é a **tentativa de resolver as questões sob influência emocional**. Se alguém tratar o guarda de trânsito do mesmo modo que trata o parceiro, provavelmente será preso. Se tentar resolver os problemas profissionais com o mesmo tom de voz que utiliza nos conflitos domésticos, provavelmente será demitido.

As pessoas evitam a prisão ou o desemprego com uma estratégia bastante simples: — usam o raciocínio para tratar as divergências, mas infelizmente fazem isso apenas nos ambientes externos.

É claro que o ambiente profissional é desgastante, mas os envolvidos pensam no salário quando precisam superar o problema.

Dentro de casa, cada um alimenta a presunção de que não haverá consequências.

Quando um parceiro reclama que o outro não ajuda a lavar a louça, provavelmente vai se ressentir enquanto o problema não tiver solução, porque este não é o problema real. O fato é que o parceiro que deixa o outro sobrecarregado **não tem consideração**. A ausência de consequências imediatas faz a pessoa acreditar que tem o direito de agir assim.

Como os conflitos são tratados	
Na relação	No ambiente profissional
Existe amor envolvido	O funcionário não ama o chefe nem os colegas
Com o propósito de evitar o desgaste, as divergências são silenciadas ou adiadas	Os problemas devem ser resolvidos o mais rápido possível
O foco é combater os argumentos do outro, afastando o casal da solução	O foco é construir o consenso a partir das opiniões divergentes para obter a solução
Busca por culpados	Busca pelas raízes (porquês) do problema para que sejam resolvidas

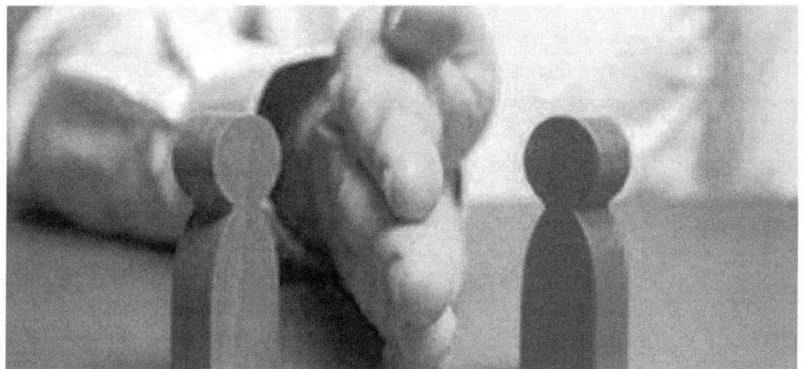

Se um parceiro trabalha fora, ao final do expediente ele deseja a calmaria do lar. Se o outro que atua em *home office*, é natural sentir a necessidade de sair. Perceba que cada um tem necessidades divergentes. O parceiro que busca o descanso fica incomodado pelas cobranças do outro. O que gostaria de realizar atividades fora de casa se sente preterido. E aí? Vão conviver cada um com seu desconforto, ou ambos farão um pequeno esforço e assim atender as necessidades de ambos?

Se houver empatia, dificilmente os casais precisarão de terapia.

Terapia de casal

Para a maioria das pessoas, pode parecer assustador aceitar que o relacionamento precisa de ajuda externa. As pessoas buscam a terapia quando o desgaste tomou conta dos parceiros, e veem a jornada como última tentativa de reconciliação.

A taxa de sucesso, que já foi de 86%, atualmente oscila em torno de 70%. Considerando que o terapeuta seja formalmente habilitado, capaz de cumprir o seu papel, os parceiros também possuem um papel nessa jornada, que requer esforço, mas se isso não for feito, a terapia não entregará resultados, caso os parceiros não "abram a porta" para o aconselhamento.

Nesse ambiente, os parceiros são estimulados a compartilhar suas necessidades, incômodos e medos, de forma que sejam ouvidos, compreendidos. Este auxílio será necessário sempre que a comunicação se tornar instável ou quando os conflitos se repetirem, sem que sejam efetivamente resolvidos.

A pergunta principal é

> Está sendo saudável, para ambos, conviver neste cenário que construíram?

A terapia de casal ajuda identificar e superar pensamentos, comportamentos e emoções disfuncionais. A partir de sessões semanais de 50 minutos, o vínculo é fortalecido progressivamente: — ambos passam a conhecer os padrões que os levam ao desconforto e os caminhos para equilibrar a convivência.

Nesta jornada, todos precisam compreender com clareza a dinâmica da relação. Quais são as demandas de cada um e qual a disponibilidade do outro em atender. Após desse momento, saberemos o que alimenta e o que prejudica o relacionamento.

Simplificar a complexidade dos relacionamentos: nem sempre aquilo que está sendo discutido reflete o real problema. O parceiro, que não se sente priorizado, vai implicar com todas as interações sociais do outro.

Separar os fatos da ficção: — para quem está ferido, até o vento incomoda. Isso significa que muitos incômodos são criados na mente da pessoa. – Ou não existem ou não deveriam incomodar.

Equilibrar os conflitos de interesse. A maioria dos casais sofre com problemas de comunicação. Para um parceiro, existe excesso de críticas que recebe. O outro julga que não tem o direito de falar nada, que o parceiro se ressente. Percebe que ambos estão incomodados com a situação?

Procurar soluções que pareçam justas para ambos, é o que se espera.

Leva tempo e requer esforço, mas o aumento da conexão será consequência desse trabalho e os parceiros retomam a intimidade que tinham.

Quando a terapia atua com métodos diretivos, ela se torna capaz de apontar caminhos para reconectar o casal, mas isso só acontecerá se os dois parceiros estiverem dispostos a assumir o protagonismo desse processo.

Isso significa que cada um deve:

Compartilhar todos os incômodos decorrentes da convivência, expressar livremente seus pensamentos e sentimentos e assumir a responsabilidade nos problemas a que tenha dado causa.

Dar a devida atenção à perspectiva do outro, sem julgar nem interromper.

Travar uma luta pessoal para mudar os padrões que conduziram o casal à crise.

Quem vive o calor dos conflitos está sob forte influência emocional, portanto, não terá clareza suficiente para uma avaliação assertiva da situação. Também terá dificuldade em demonstrar empatia pelo sofrimento do outro. A terapia ajuda a entender as perspectivas do outro, evitando que o ciclo dos problemas se tornem crônicos ou insolúveis.

Quanto mais precoce for a intervenção profissional, melhor para os resultados da terapia, pois evita que o ressentimento se acumule.

Compatibilidade com o terapeuta: — Isso aumenta as chances de criar um espaço seguro e neutro, para o sucesso da terapia.

Comprometimento dos Parceiros: a terapia requer esforço e abertura de ambos. Sem a disposição para fazer o relacionamento funcionar, não haverá resultados.

Apesar de ser um ambiente neutro, o terapeuta desafia cada um dos parceiros a refletir sobre sua responsabilidade na crise. É preciso ter capacidade para aguentar tais questionamentos.

Antes da terapia, a dinâmica dos conflitos dentro da relação costumeiramente, mais piora do que resolve o problema, porque cada parceiro entende que esteja certo. Muitos procuram a terapia para validar essa crença. Nesse cenário, o foco está na culpa, no responsável pelo caos em que ambos estão vivendo. A terapia propõe a colaboração. Muda o foco, que, antes, alimentava o conflito e passa a buscar soluções justas.

Os Quatro Cavaleiros do Apocalipse, segundo Gottman (1995) referem-se aos padrões destrutivos que podem prever o fim de um relacionamento.

Crítica: atacar o caráter ou a personalidade do parceiro, em vez de suas ações.

Desprezo: expressar o incômodo com sarcasmo, cinismo ou insultos.

Defensiva: atribuir a culpa de tudo o que acontece no outro.

Obstrução: evitar o diálogo e as DRs.

Esta analogia reflete o texto bíblico (Apocalipse, capítulo 6, versículos 1–8) com representações simbólicas dos eventos que ocorrerão anunciando o fim dos tempos.

Panorama de status da relação

Para resolver problemas no relacionamento, será necessário conhecê-los.

O que você já tentou para resolver os problemas?

O que seu parceiro já tentou?

De que modo, vocês tentaram?

O quanto ambos estão dispostos a mudar para salvar a relação?

Qual é o maior problema neste momento?

Existem conflitos do passado, ainda não resolvidos?

O que os impede de ter um relacionamento ideal?

Vocês são próximos, emocionalmente?

Seu(sua) parceiro(a) se importa com suas necessidades?

Você se importa com as necessidades do(a) parceiro(a)?

Você se sente amado(a)?

Existe confiança nesta relação?

Suas expectativas na relação são justas e realistas?

Quais necessidades não são atendidas?

Ambos se sentem seguros e protegidos?

Como está a qualidade de sua vida sexual?

Quais são os gatilhos que provocam as crises?

Que rituais poderiam ser desenvolvidos para fortalecer seu relacionamento?

Contato inicial. É quando um dos parceiros procura o profissional, por mensagem, telefonema ou contato presencial. Este parceiro, obviamente vai expor sua própria percepção do que está acontecendo. É cedo para diagnósticos, porque a outra parte precisa ser ouvida. Este contato deve ser breve para evitar aliança com apenas um dos parceiros.

Apresentação dos motivos. Quais são as razões da crise, se um episódio específico ou o desgaste promovido pelo tempo.

Dinâmica da relação. Neste momento é preciso identificar como o casal resolve os conflitos. É oportuno investigar subjetivamente, o funcionamento da disputa pelo poder, o modo que as decisões comuns são tomadas, as reações de ambos.

Histórico do relacionamento. Como se conheceram, quando foi que a relação mudou.

Objetivos. Quais são as expectativas do casal quanto às entregas que a terapia precisa fazer.

Repacto. Mudanças no comportamento de ambos quanto a comunicação, intimidade e compromissos.

Gestão de riscos

O indivíduo não se casa com a expectativa de sofrer ou se divorciar. Compreender os fatores de risco, ajuda a fortalecer seu relacionamento, além de orientar quanto a escolhas saudáveis.

A Forbes Advisor pesquisou 1.000 pessoas divorciadas em 2021 para identificar os pontos em comum. Com base nesses resultados, aqui estão alguns aspectos mais prováveis pelo agravamento das crises.

A maioria dos divórcios é iniciada por apenas uma das partes (apenas 27% dos entrevistados indicando uma decisão mútua). – Isso significa que, na maior parte dos casos, há um parceiro insatisfeito e outro que ignora a situação até que fique insustentável.

Um pouco mais da metade alega a incompatibilidade como principal motivo, que, na prática, acontece quando os desejos individuais se sobrepõem aos compromissos do casamento. – Não importa a realidade da situação, a pessoa quer e pronto!

Casar-se até 25 anos aumenta o risco de separação. A faixa com menos incidência vai de 25 a 32 anos.

Entretanto, de acordo com as estatísticas, o risco de ruptura também aumenta para casais que se casam depois dos 32 anos.

É importante prestar atenção nos fatores de risco.

Não pense em pular etapas. A pressa em assumir um compromisso vai resultar em surpresas desagradáveis, as quais, não houve tempo de ponderar.

O modo civilizado como se lida com os conflitos é o fator mais importante para determinar a qualidade da relação. Na calmaria, dificilmente acontece desgaste.

Basta que um dos cônjuges não tenha compromisso com a relação para condenar o casamento ao fracasso.

Concluindo, se há um aspecto fundamental que define o destino do casamento é a comunicação. Em muitos casos, a dinâmica do diálogo mais piora a situação do que resolve.

Se, pelo menos, um parceiro for *workaholic*, as chances de ruptura são superiores a 60%.

Ciúmes

O ciúme é um sentimento desconfortável diante da iminência de perder alguém, mas não é sobre desejo. É tão somente o medo de perder o que você entende que possui para outra pessoa.

Essa emoção não é provocada sobre o que você vê ou ouve. É também sobre o que acontece dentro da sua cabeça, fazendo imaginar coisas que nem sempre são reais.

Este sentimento quase sempre revela motivações mais profundas, como inseguranças, baixa autoestima, experiências anteriores ou medo de abandono.

Aspectos biológicos. Este sentimento é uma resposta emocional que ativa regiões específicas do cérebro (<u>córtex</u>, responsável pela tomada de decisão; <u>amigdala</u>, que processa a reação ao medo.

A ocitocina, que é liberada em circunstâncias de afeto, pode desencadear sensação de ciúmes.

A dopamina, neurotransmissor do prazer, é ativada pelo ciúme, na tentativa de obter alguma recompensa, criando um ciclo de dependência.

O estresse causado provoca a liberação do cortisol, aumentando a disposição para o risco.

Elevação da testosterona (aumenta a percepção de posse e agressividade).

Por fim, a serotonina, que regula o humor, quando reduzida, resulta em comportamentos impulsivos.

Aspectos psicológicos. Associados à insegurança e a baixa autoestima.

Aspectos culturais. Influenciam a percepção dos fatos (interpretação amplamente aceita nos ambientes que o indivíduo frequenta).

Infidelidade

Trata-se de uma das experiências mais difíceis de lidar em uma relação. A superação, quando alcançada, nunca retorna ao ponto de partida. A ferida continua ali, no máximo, convertida a cicatriz, visível aos olhos de ambos.

É importante que a comunicação seja honesta. O parceiro que deu causa ao problema precisa assumir sua responsabilidade no episódio, demonstrar arrependimento e vontade de reconstruir a relação.

O parceiro traído precisa esclarecer tudo o que sente, para que o assunto seja esgotado e não retorne nas futuras brigas do casal, o que comumente acontece.

A partir desse requisito, o casal deve atuar junto para superar e isso leva bastante tempo, porque a confiança precisa ser restabelecida.

Buscar ajuda profissional é uma decisão acertada, para que temas sensíveis possam ser tratados em um ambiente neutro.

Pessoas casadas costumam se sentir carentes quando apenas coabitam no mesmo espaço, mas não compartilham a convivência.

Quando falta comunicação de qualidade, os parceiros buscam satisfazer essa necessidade com outras pessoas e acabam criando vínculos com elas.

A sensação de isolamento emocional pode levar à falta de intimidade. As pessoas se sentem negligenciadas dentro de casa e, quando alguém de fora as prioriza, a sensação é boa.

Expectativas frustradas diminuem a admiração que um sente pelo outro, e essa lacuna vai sendo facilmente preenchida por um agente externo.

O fato de não ser observado ou valorizado pelo parceiro provoca danos na autoestima. A infidelidade pode se mostrar como alternativa para restabelecer o amor-próprio.

Incompatibilidade relevante quanto à frequência e à qualidade sexual. Se este assunto representa um tabu para o casal, os parceiros vão agir individualmente.

Como identificar que a relação já acabou?

As pessoas não se casam pensando que aquilo tudo pode acabar. De maneira geral, todos alimentam a intenção de que vai durar pra sempre. Na prática, temos um divórcio registrado para cada três casamentos.

Se ambos se apaixonaram a ponto de se casarem, isso significa que cada parceiro tem a capacidade de se tornar atraente aos olhos do outro. No entanto, o desgaste emocional já instalado, as crises que ficaram sem solução, impedem que os cônjuges mostrem o seu melhor.

A solução pode ser viável, mas não existe motivação para se reconectar ao outro. Nesse momento, até a ajuda profissional diretiva encontrará dificuldade para salvar o relacionamento, porque os parceiros não conseguem fazer sua parte.

Aqui é preciso ter cuidado, pois os sinais podem refletir apenas um momento de crise. Para que sejam considerados crônicos, foram esgotadas todas as tentativas de superar.

Se a **comunicação** não existe, os parceiros só conversam sobre assuntos triviais e cada um tem outras pessoas com quem compartilhar seus sucessos e desafios. Quando os dois entendem que não adianta falar sobre os problemas do relacionamento e não se interessam pelos sentimentos do outro, é porque consideram que os problemas não têm solução.

A **falta de interesse** permanente em fazer coisas juntos leva cada um, isoladamente, a procurar atividades que proporcionam prazer. Esse distanciamento só aumenta com o tempo.

A **qualidade do sexo** reflete a saúde da relação. Quando se criticam a maior parte do tempo não criam o ambiente favorável à intimidade.

Diferenças irreconciliáveis que <u>alteram</u> <u>a</u> <u>dinâmica</u> <u>da</u> <u>relação</u>. Perceba que as divergências podem existir, desde que sejam toleradas e não desequilibrem a relação (assim, nenhum parceiro fica sobrecarregado).

A relação disfuncional coloca cada parceiro em um lugar no qual, ele não gostaria de estar, de modo a provocar **danos emocionais**, como ansiedade e depressão. Ninguém se relaciona para adoecer.

Se **o parceiro coloca as próprias necessidades em primeiro lugar**, mesmo que seja em detrimento do outro, e não demonstra disposição para mudar, a rotina se torna um suceder de decepções que, acumuladas, vão gerar danos severos à relação.

Imaginar o cônjuge com outra pessoa não te machuca. Alguns até torcem para que isso aconteça.

Quando lhe **falta energia** e essa condição promove impacto em outras áreas da vida, como o convívio social, a performance no trabalho ou o relacionamento com familiares.

Se o que mantém a relação são questões financeiras, patrimoniais ou sociais, é o momento de decidir se vão continuar sofrendo ou cada um cuidar melhor de si.

Quando o ambiente profissional se torna mais prazeroso do que o convívio doméstico, existem poucas chances de que o casal possa superar a crise sem ajuda profissional.

Reflita sobre o que você espera do parceiro. Expectativas não atendidas produzem frustração e fazem a pessoa questionar se não estaria melhor sozinha. – Sob efeito do desgaste emocional, colocamos muita pressão sobre a outra pessoa, esperando que o parceiro ou a relação correspondam ao que esperamos que sejam. Muitas dessas expectativas são por questões menores, que poderiam ser relevadas, mas quem está sofrendo atribui grande importância a qualquer tipo de problema, por menor que seja.

Regras de ouro

Um relacionamento tem pleno potencial de ser especialmente nutritivo, mas também pode ser desafiador. Nele se pode experimentar sensações variadas, como frustração, raiva, encantamento e saciedade. Depende das escolhas que os parceiros fazem com a intenção de resolver.

Diversas pesquisas apontam que apenas 30% das pessoas vivem satisfeitas na vida de casadas. Um em cada três casais se divorciará ou pretende se divorciar.

Como evitar isso? É possível ao casal desenvolver ferramentas para lidar com os problemas?

Muitas dessas respostas estão dentro de cada um, mas a maioria das pessoas costuma culpar o outro.

- O parceiro não conversa ou não se interessa mais pela intimidade.

Geralmente, as razões pela crise pesam em cima do outro. Se o parceiro não conversa, **qual é a nossa responsabilidade nisso**? Quando alguém nos procura para relatar um incômodo, pode estar querendo apenas desabafar, mas não hesitamos em criticar, em sugerir opções, como se a outra pessoa fosse tola. Abstenha-se de aconselhar, a menos que a outra parte peça sua opinião. Do contrário, a pessoa não se sentirá estimulada a dialogar com você.

Quem reclama de pouca atividade sexual, muitas vezes, não se lembra de que critica a outra parte de forma recorrente, mas por uma estranha razão, entende que, mesmo assim, deveria haver intimidade. Na maioria das situações, a raiz do problema está no comportamento de quem reclama.

Sempre haverá estímulos de ambos os lados, mas o direcionamento dessa negociação depende de como cada um interpreta e lida com esses fatos.

Olhar para dentro de si é difícil, apesar de a outra parte sinalizar que algo a incomoda. E claro, haverá uma resposta em consequência disso. Somente nessa hora é que a pessoa percebe um problema, quando passa a sentir incômodo, mas não se lembra que deu causa a esse problema.

Por isso, na clínica da terapia de casal, as pessoas relatam que brigam por coisas pequenas. Na verdade, brigam pelos reflexos e sintomas que provocam com o próprio comportamento.

Relacionamentos duradouros exigem que cada um assuma a responsabilidade, sempre que for pertinente.

Além disso, é necessário parar de pensar que os próprios critérios sejam os corretos, sempre. Isso tira a flexibilidade para compreender que o outro pensa diferente, reage de forma distinta. Não estamos falando aqui de duas possibilidades excludentes (ou faz o que quer, ou faz o que o outro quer). Podem existir variadas opções que sejam justas para ambos. Basta se manter disponível para negociar.

Hábitos são difíceis de mudar. Principalmente quando eles funcionam como mecanismos de defesa diante dos "ataques" do parceiro.

Há 25 anos moro no mesmo condomínio e há 5 anos, a administração retirou um dos quebra-molas do trajeto que faço, quando saio de casa. Mesmo assim, continuei reduzindo a velocidade quando passava por ali. Racionalizei o fato de que não havia mais o quebra-molas e procurei manter o ritmo, mas apesar de reconhecer o fato, parece que sentia uma dor na alma quando passava depressa pelo lugar. – Perceba que até os hábitos mais simples, criados em modo automático, são difíceis de se romperem. Às vezes, demora anos para mudar. – O que se pode dizer dos hábitos criados como defesa?

O fato é que, se o casamento está em crise, é porque hábitos e padrões de comportamento o conduziram até aquela situação. Se quisermos realmente consertar, **algo precisa mudar**, ainda que seja difícil.

Modificar hábitos significa travar uma luta contra si. É deslizar de vez em quando e contar com a compreensão do parceiro. É uma questão de autopoliciamento.

Toda atitude afeta a dinâmica da relação. Basta um se esforçar. – Mais cedo ou mais tarde, **o parceiro vai reagir** ao novo modelo.

As estratégias para uma relação saudável são amplamente conhecidas, no entanto, são raras de se ver na prática, por resolver tudo de forma emocional.

A maioria das pessoas assume uma posição defensiva quando o parceiro expressa um incômodo. Procure ouvir com atenção o que lhe está causando sofrimento, para encontrar uma solução para o problema, sem rebater os argumentos apresentados.

Reconhecer os próprios erros é uma prova de dignidade, mas a maioria procura se justificar com as falhas do parceiro: desta forma, alimenta o conflito, fazendo com que para cada conviva com suas insatisfações.

Não permita que os problemas se acumulem, porque isso diminui a disposição de resolver quando tiverem um novo desentendimento.

Você não tem que silenciar diante dos incômodos, para evitar maiores conflitos, porque isso afeta sua estrutura emocional. Apenas, controle suas emoções quando for se posicionar.

Desenvolver a capacidade de equilibrar união/autonomia, dependência/independência.

Construir a confiança mútua.

Aceitar o passado e investir na relação a partir daquele momento.

Controlar as emoções diante das situações críticas.

Ter ciência das necessidades um do outro.

Assumir a própria responsabilidade nos problemas.

Compartilhar os mesmos propósitos. Se um está buscando um relacionamento estável e o outro quer apenas sair de casa, é provável que terão conflitos significativos no futuro.

Evitar discussões por mensagens de texto. A letra fria da tela pode passar uma mensagem diferente e não lhe permite fazer a leitura corporal das reações do outro.

Por fim, o mais importante: — **ter disposição para fazer o relacionamento funcionar**.

Conclusões

Segundo Stacey (2018), basta que um parceiro **tome a iniciativa** para transformar o relacionamento.

Não estamos falando aqui de assumir toda responsabilidade para a relação funcionar, porque isso deixa a pessoa sobrecarregada, mas apenas, tomar a iniciativa.

Segundo a autora, quando o convívio não está satisfatório, mesmo depois de muito tentarem, os envolvidos enxergam apenas duas opções:

1. Resignar-se e aceitar tudo como está
2. Caminhar em direção do divórcio

Entretanto, existe mais uma escolha, que é **ficar e transformar**, não com as mesmas estratégias de antes, que, por experiência, não produziram resultados.

Quando o parceiro se torna cansativo, é claro que tem uma parcela de responsabilidade da outra parte: estamos falando aqui de se abster de vingar, de agir motivado pela mágoa. Isso não garante, mas aumenta a chance de o parceiro cansativo perceber e mudar sua atitude, por coerência com a nova situação.

Com o desgaste, as atitudes de ambos se tornam previsíveis e reativas. É claro que essa postura se torna combustível para que haja mais desgaste, porque toda interação entre o casal se torna impregnada de animosidade, como se fossem adversários: elogios e palavras de afirmação, dão lugar às críticas e à indiferença.

As relações saudáveis são construídas, não são encontradas prontas.

Não raro, as convivências são estragadas por expectativas fantasiosas. Cada parceiro espera que o outro pense e reaja exatamente da forma que acha correta. — Obviamente isso não acontece e o resultado é a frustração mútua.

Mas, por que você deveria assumir a responsabilidade de mudar?

Em primeiro lugar, para investir no próprio bem-estar, obter algum prazer de estar ali. Ao eliminar as expectativas exacerbadas, você entende que determinados problemas são apenas seus, não um defeito da outra pessoa capaz de provocar danos emocionais. Com isso, deixa de implicar com situações que a outra parte considera que sejam injustas.

O primeiro passo é evoluir por conta própria.

Para fazer novas escolhas, a pessoa precisa estar estimulada e nem sempre encontra energia para isso. Procure atividades nutritivas, que proporcionem prazer e sobretudo, reabasteça suas baterias.

Este progresso demanda um acréscimo no autoconhecimento, para que os aspectos irrelevantes do relacionamento, não tenham mais o poder de disparar seus gatilhos emocionais.

A partir dessa jornada, o aspecto principal deixa de ser a outra pessoa e o foco será direcionado para como você reage a isso, o que a situação provoca em sua estrutura psíquica.

Quem se dedica ao autocuidado, sofre menos para exercitar a paciência e encontra facilidade para se colocar no lugar do outro (empatia).

Suas reações serão diferentes e seu bem-estar, também.

Se ambos esperam apenas receber do relacionamento, sem disposição para oferecer, quais as chances de dar certo? É preciso quebrar esse ciclo, que tende a evoluir para a ruptura. E o pior: com mais desgaste.

As situações consideradas irrelevantes, naturalmente não precisam mudar. Basta mudar sua percepção a respeito delas.

Bibliografia / Referências

ALMEIDA, Maria Isabel. **Masculino/Feminino: Tensão Insolúvel**. Rio de Janeiro: Rocco, 1996.

AGUIAR, R. W.; SHESTATSKY, S. C. **Psicoterapia de orientação analítica**. Porto Alegre, Artmed, 2005.

AMORIM, A. N., & Stengel, M. **Relações customizadas e o ideário de amor na contemporaneidade**. Estudos de Psicologia. Natal, 2014.

ANGERAMI, V. A. C. **Psicoterapia existencial**. São Paulo: Thomson, 2007.

Araújo, M. F. **Amor, casamento e sexualidade: velhas e novas configurações**. Psicologia: Ciência e Profissão, 2002.

Ariès, P. **O amor no casamento**. Sexualidades Ocidentais. São Paulo: Brasiliense, 1987.

BABA, Sri Prem. **Amar e ser livre: as bases para uma nova sociedade**. Rio de Janeiro: HarperCollins, 2017.

BAUMAN, Z. **Amor líquido: sobre a fragilidade dos laços humanos**. Rio de Janeiro: Zahar, 2004.

BAUMRIND, Diana. **Effects of authoritative control on child behavior**. USA: Child, 1966

BAUMRIND, Diana. **Current patterns of parental authority**. USA: Developmental Psychology, 1971.

BECK, J. S. **Terapia cognitivo-comportamental**. Porto Alegre: Artmed, 2013.

BEE, H. **O ciclo vital**. Porto Alegre: Artmed, 1997.

BOZON, M. Sociologia da sexualidade. Rio de Janeiro: FGV, 2004.

BUENO, E. F. & PRADO, J. S. **Educação emocional: a arte de unir-se**. São Paulo: Cortez,1989.

BRANDEN, Nathaniel. **A psicologia do amor romântico**. Rio de Janeiro: Imago, 1982.

CAMPBELL, Colin. **A Ética Romântica e o Espírito do Consumismo Moderno**. Rio de Janeiro: Rocco, 2001.

CALLIGARIS, Contardo. **O ideal de amor romântico está em que filme?** Folha de São Paulo. 2001.

Carter, B. & McGoldrick, M. **As mudanças no ciclo de vida familiar:** Porto Alegre: Artmed, 2001.

CHAPMAN, Gary. **As 5 linguagens do amor**. Mundo Cristão, 2024. São Paulo: Mundo Cristão, 2024.

COSTA, G.P. **O amor e seus labirintos**. Porto Alegre: Artmed. 2007.

COSTA, J. F. **Sem fraude nem favor: estudos sobre o amor romântico**. Rio de Janeiro, Rocco, 1998.

COVEY, Stephen. **Os 7 Hábitos das Pessoas Altamente Eficazes**. Rio de Janeiro, Best Seller, 2017.

Del Priore, M. **História do amor no Brasil**. São Paulo: Contexto, 2015.

EAGLETON, Terry. **As Ilusões do Pós-Modernismo**. Rio de Janeiro: Jorge Zahar, 1998.

ERIKSON, Erik H. **O ciclo de vida completo**. Porto Alegre: Artmed, 2004.

Féres-Carneiro, T. **Casamento contemporâneo: o difícil convívio da individualidade com a conjugalidade**. Psicologia: reflexão e crítica, 1998.

Foucault, M. **História da Sexualidade. A vontade de saber**. Rio de Janeiro: Graal, 1988.

FREUD, S. **Edição Standard Brasileira das Obras Psicológicas completas de Sigmund Freud**. Rio de Janeiro, Imago, 1996.

GIDDENS, A. A **transformação da intimidade**: São Paulo: Editora UESP, 1993.

GOLDENBERG, M. **Ser homem, ser mulher: dentro e fora do casamento**. Rio de Janeiro: Revan. 1991.

GOTTMAN, John. **Por que os casamentos fracassam ou dão certo**. Scritta, 1995.

GOTTMAN, John. **The Seven Principles For Making Marriage Work**. Orion Spring. USA, 2018.

HALL, Stuart. **A Identidade Cultural na Pós-Modernidade**. Rio de Janeiro: DP&A, 2001.

HARLEY, Willard. **Ela Precisa Ele Deseja**. São Paulo: Candeia, 2004.

HITE, S. **Relatório Hite sobre a família**: crescendo sobre o domínio do patriarcado. São Paulo, Bertrand Brasil, 1995.

HEILBORN, M. L. **Dois é par: gênero e identidade sexual em contexto igualitário**. Rio de Janeiro: Garamond, 2004.

KARDARAS, Nicholas. **Insanidade digital**. Pernambuco: Alta Cult, 2024.

KIPNIS, Laura. **Contra o amor: uma polêmica**. Rio de Janeiro: RECORD, 2005.

KRISTEVA, J. **Histórias de amor**. Rio de Janeiro: Paz e Terra, 1988.

LAPLANCHE, J.; PONTALIS, J. **Vocabulário de psicanálise**. São Paulo, Martins Fontes, 1995.

La Taille, Y. **Moral e ética: dimensões intelectuais e afetivas**. Porto Alegre: Artmed, 2006.

LEJARRAGA, Ana Lila. **Paixão e amor em nossa cultura.** Círculo Psicanalítico do Rio de Janeiro, 1995.

LUHMANN, Niklas. **O Amor como Paixão – Para a Codificação da Intimidade**. Rio de Janeiro: Bertrand Brasil, 1991.

MACCOBY, E. & MARTIN, J. **Socialization in the context of the family**: New York, Willey, 1983.

MARTINO S. et all. **O milagre da manhã**. Rio de Janeiro, Best Seller, 2018

MATOS, Marlise. **Reinvenções do Vínculo Amoroso: Cultura e Identidade de Gênero na Modernidade Tardia**. Belo Horizonte: Ed. UFMG, 2000.

MENEZES, L. S. **Desamparo**. São Paulo: Casa do Psicólogo, 2012.

MERLEAU-PONTY, M. **Fenomenologia da percepção**. São Paulo: Martins Fontes, 1994.

MINUCHIN, S. **Famílias funcionamento e tratamento**. Porto Alegre: Artes Médicas. 1990.

NIETZSCHE, Friedrich. **Assim falou Zaratustra**. Rio Grande do Norte: Lancelot Editora, 2018.

OCARIZ, M. **O sintoma e a clínica psicanalítica**. São Paulo: Via Lettera, 2003.

PARISI, S. Amor e separação – **reencontro com a alma feminina**. São Paulo, Vetor, 2012.

PEW, Research Center: https://www.pewresearch.org/

PINCUS, L.; DARE, C. **Psicodinâmica da família**. Porto Alegre: Artmed, 1981.

PONSI, A. et al. **Os dois lados do espelho:** Porto Alegre: AGE, 2015.

PUGET J.; BERENSTEIN, I. **Psicanálise do casal**. Porto Alegre: Artes Médicas, 1993.

RIZZON, A. L. C., Mosmann, C. P., & Wagner, A. **A qualidade conjugal e os elementos do amor: um estudo correlacional**. Contextos Clínicos, 2013.

ROUDINESCO, E.; PLON, M. **Dicionário de psicanálise**. Rio de Janeiro: Jorge Zahar, 1998.

ROUDINESCO, E. **A família em desordem**. Rio de Janeiro: Zahar, 2003.

ROUGEMONT, Denis. **A História do Amor no Ocidente**. São Paulo, Ediouro, 2003.

SBARRA, David. **Love, Loss, and the Space Between: The Relationship Expert Essays**. USA, 2016

SCHOPENHAUER, Arthur. **A Arte de ter Razão e A Sabedoria da Vida**. Rio Grande do Norte, Camelot Editora, 2024.

SILVA, Paula A. et all. **Estilos educativos parentais: vinculação e esquemas mal-adaptativos precoces**. Paraná: Atena, 2021

ZEGLIO, C., & RODRIGUES JR., O.M. **Amor e sexualidade**. São Paulo: Iglu, 2007.

Creio que a melhor dádiva que concebo receber de alguém é: ser vista, ouvida, compreendida e reconhecida. A maior dádiva que posso oferecer é: ver, ouvir, compreender e reconhecer outro ser humano.

Quando isso acontece, sinto que houve contato entre nós.

Virgínia Satir

Made in the USA
Monee, IL
07 July 2026

56549930R00088